미래 세대를 위한
인공지능
이야기

미래 세대를 위한 인공지능 이야기

제1판 제1쇄 발행일 2023년 10월 25일

글 _ 배성호, 정한결
그림_ 방승조
기획 _ 책도둑(박정훈, 박정식, 김민호)
디자인 _ 이안디자인
펴낸이 _ 김은지
펴낸곳 _ 철수와영희
등록번호 _ 제319-2005-42호
주소 _ 서울시 마포구 월드컵로 65, 302호(망원동, 양경회관)
전화 _ 02) 332-0815
팩스 _ 02) 6003-1958
전자우편 _ chulsu815@hanmail.net

ISBN 979-11-7153-001-4 43500

철수와영희 출판사는 '어린이' 철수와 영희, '어른' 철수와 영희에게 도움 되는 책을 펴내기 위해 노력합니다.

미래 세대를 위한
인공지능
이야기

글 배성호, 정한결 | 그림 방승조

철수와영희

인공지능 시대를 살아갈 여러분에게

2015년 알파고와 2022년 챗지피티(chatGPT)의 등장으로 오늘날 세상은 인공지능 이야기로 가득합니다. 많은 사람들이 인공지능으로 인해 세상이 어떻게 바뀌게 될지 기대와 걱정을 함께 하고 있어요. 인공지능은 앞으로 조금씩 미래를 바꾸어 나갈 것이고, 그 미래를 살아갈 사람들은 여러분들이기 때문에, 학교에서도 인공지능과 관련된 교육이 폭넓게 이루어지고 있습니다.

인공지능과 관련된 수업을 할 때면, 학생들이 아래와 같은 이야기를 자주 합니다.

인공지능이 사람보다 훨씬 똑똑해요!
인공지능이 사람의 일자리를 다 빼앗고 있어요!
사람들이 인공지능에게 지배당할 거예요!

학생들의 이러한 반응을 들을 때마다, 인공지능을 '무언가 대단하지만 무서운 존재' 정도로 막연히 받아들이고 있는 게 아닐까 하는 생각이 들어요. 인공지능이 사람처럼 생각하고 사람보다 더 똑똑할 거라고 생각하는 학생들도 있을 거예요. 정말로 인공지능은 사람보다 똑똑할까요? 인공지능으로 인해 일자리가 없어지기만 할까요? 언젠가 사람들은 인공지능의 노예로 살아가게 될까요?

두려움은 언제나 무지에서 샘솟는다는 말이 있어요. 잘 모르는 것일수록 무서워한다는 뜻이에요. 옛날 사람들은 밤을 무서워하고, 번개를 무서워하고, 일식을 무서워했어요. 그것들이 생기는 이유를 잘 몰랐기 때문이에요. 인공지능에 대해서도 잘 알지 못하면 그것이 언젠가 사람을 지배할 것만 같은 두려운 존재로만 느껴질 거예요. 하지만 인공지능에 대해 알고 나면 다르게 생각할 수 있을 거예요. 인공지능이 사람을 도와주는 편리한 도구가 될 수 있다는 것도 알게 되고, 인공지능으로 인해 앞으로 발생할 현실적인 문제들을 미리 알아보고 대책을 세울 수 있고, 인공지능이 바꾸어 나갈(그리고 여러분들이 어른으로서 살아갈) 미래 사회의 모습도 더 자세히 볼 수 있을 거예요.

　이 책은 여러분에게 인공지능이 무엇인지, 인공지능은 어떻게 생겨났고 발전하고 있는지, 인공지능이 어떻게 쓰이고 있는지를 소개합니다. 나아가 인공지능으로 인해 발생할 수 있는 문제와 현실적인 고민거리를 여러 각도에서 다루었어요. 책을 읽은 여러분들이 인공지능에 대한 막연한 두려움을 떨쳐 내고, 인간을 지배하게 될까 하는 문제보다는 조금 더 현실적인 문제들을 함께 고민하고 미래를 설계하길 바랍니다.

배성호, 정한결 드림

차례

2 인공지능은 어떻게 똑똑해지나요?

토론
주제

3 인공지능이 예술도 한다고요?

토론
주제

4 인공지능이 인권을 침해한다고요?

5 인공지능에게도 세금을 물려야 한다고요?

6 인공지능 시대, 우리는 무엇을 준비해야 할까요?

1

인공지능이 뭐예요?

1. 인공지능은 무엇인가요?

여러분은 5+3이나 4×6과 같은 계산 문제를 풀 수 있습니다. 좋아하는 노래의 가사를 외울 수도 있죠. 사람의 표정을 보고 감정을 읽을 수 있고, 다른 사람이 하는 말을 듣고 이해할 수 있어요. 개와 고양이를 보고 구분할 수도 있고요. 친구와 게임을 할 때 어떻게 하면 이길 수 있을지 전략을 세울 수도 있습니다. 미래에 일어날 일을 예측해 보고, 그림을 그리는 것도 할 수 있어요. 무엇보다 잘 모르는 것도 새로 배우고 익힐 수 있어요. 자전거를 탈 줄 모르더라도 여러 번 연습하다 보면 언젠가는 잘 탈 수 있고, 외국어도 시간을 들여 공부를 하면 언젠가는 잘할 수 있게 될 거예요.

여러분이 이 모든 것을 할 수 있는 이유는 여러분에게 '지능'이 있기 때문입니다. 계산하고 기억하는 일, 세상을 보고 듣고 느끼는 일, 무언가를 분류하거나 예측하는 일, 새로운 것을 창작하는 일, 잘 모르는 것을 배우는 일 모두 지능이 있어서 가

능한 것이지요.

'인공'이라는 말은 자연적으로 존재하던 것을 사람이 흉내내 만들어 낸 것을 지칭하는 표현입니다. 심장이나 달팽이관 같은 장기를 사람이 기계로 만들었을 때는 '인공 장기', 달처럼 지구 주위를 도는 물체를 사람이 만들었을 때는 '인공위성'이라고 하죠. 마찬가지로, 사람의 지능으로 할 수 있는 일을 컴퓨터와 같은 기계가 할 수 있도록 만든 것을 '인공지능'이라고 합니다.

우리는 어떤 것을 인공지능이라고 부르고 있을까요? 요즘 로봇 청소기를 사용하는 집이 많습니다. 일반 청소기와 로봇 청소기는 어떤 차이점이 있을까요? 일반 청소기는 먼지를 흡입하는 일만 할 뿐, 집안을 돌아다니면서 청소하는 것은 사람이 해야 합니다. 누르는 버튼에 따라 작동하는 단순한 기계일 뿐이죠. 하지만 로봇 청소기는 스스로 돌아다니며 집 구조를 알아내고 더러운 곳을 찾아 청소합니다. 사람의 지능이 필요했던 일을 대신 할 수 있으므로 로봇 청소기는 인공지능이라고 할 수 있습니다.

음악을 추천해 주는 앱을 써 본 적 있나요? 듣고 싶은 음악을 하나하나 미리 골라 놓지 않아도, 좋아할 만한 음악을 알아서 찾아 주기 때문에 음악을 듣고 싶을 때 편리하게 사용할 수 있죠. 음악을 추천해 주는 앱은 그 앱을 사용하는 사람이 좋아하는 음악의 종류가 무엇인지 학습하고, 좋아할 만한 다른 음악들을 맞춤형으로 추천해 줍니다. 학습하고 추천하는 일 역시 사람의 지능이 필요했던 일이지만, 이런 일을 대신 해 주고 있으므로 음악 추천 앱도 인공지능이라고 할 수 있습니다.

덧셈이나 뺄셈, 곱셈, 나눗셈 같은 계산도 사람의 지능이 필요한 일이죠. 그렇다면 계산을 대신 해 주는 계산기도 인공지능일까요? 그럴 수도 있지만, 보통 계산기를 인공지능이라고 부르지는 않아요. 계산기는 단순한 규칙과 절차에 의해 결과를 보여 줄 뿐이지 상황을 인식하거나 학습을 통해 점점 똑똑해지거나, 예측을 하는 것이 아니기 때문입니다. 우리는 학습을 통해 똑똑해지며, 상황을 인식하고 그에 따라 다른 행동을 할 수 있는 시스템을 주로 인공지능이라고 해요.

2. 인공지능은 어디에 쓰이고 있나요?

인공지능은 사람의 지능이 필요한 다양한 분야에 적용되어 사람이 하던 일을 대신하고 있어요. 몇 가지 예시를 살펴볼게요.

우선, 사람의 언어(자연어)를 듣고 이해하는 것이 필요한 분야에 사용됩니다. 스마트폰에는 시리나 구글 어시스턴트 같은 음성 비서 기능이 탑재되어 있어요. 이 비서에게 말로 명령을 하면 비서가 목소리를 분석하여 명령을 글자로 변환합니다. 글자로 된 명령이 무슨 뜻인지 이해하고, 그중 자신이 도와줄 수 있는 일을 수행합니다. 스마트폰을 가지고 있다면 인공지능 비서에게 내일 오전 7시에 깨워 달라고 부탁해 보세요. 비서가 알아듣고 알람을 자동으로 켜 줄 겁니다.

서로 다른 언어를 번역해 주는 데에도 인공지능이 사용되고 있어요. 파파고나 구글 번역 같은 번역 앱을 사용하면 해외여행을 가서도 어느 정도 기본적인 의사소통을 할 수 있고, 다른 나라의 언어로 된 웹 페이지도 구글 크롬과 같은 웹 브라우저가 자동으로 번역을 해 줄 수 있어요. 번역이 완벽하지는 않지만 잘 모르는 언어로 이루어진 웹 페이지도 어느 정도 이해할 수 있습니다.

둘째, 사람처럼 눈으로 보는 것을 인식하고 이해하는 지능이 필요한 분야에 사용돼요. 이미지 인식을 위한 인공지능(컴퓨터 비전)은 사진이나 동영상 속에 어떤 동물이 몇 마리 있는지, 자동차나 비행기, 전봇대처럼 어떤 사물이 있는지, 배경은 어디인지, 낮인지 밤인지 등 사람이 보고 알아낼 수 있었던 정보들을 알아낼 수 있습니다. 사람의 얼굴을 인식하여 분류할 수도 있죠. 이 기술을 통해 내가 가진 많은 사진 중 고양이가 나온 사진이나 친구 얼굴이 나온 사진만을 골라서 볼 수 있어요. 자율 주행 자동차가 같은 도로 위 다른 자동차나 길거리의 사람을 인식하여 안전하게 운전하는 데 이 이미지 인식 기술이 사용되기도 합니다.

셋째, 사람마다 서로 다른 정보를 제공하는 것이 필요한 분야에 사용돼요. 사람들은 저마다 성격이 다르고, 관심사도 다릅니다. 그에 따라 필요로 하는 정보도 각기 다르죠. 어떤 사람은 운동에 관심이 많고, 어떤 사람은 게임에, 또 어떤 사람은

연예인에 관심이 많을 수 있겠죠? 서로 다른 사람에게 똑같은
정보를 일괄적으로 보여 주는 것보다, 각자가 원하는 정보를
맞춤형으로 보여 준다면 더 좋겠죠? 인공지능은 사람들의 평
소 관심사를 학습하여 그 사람에게 필요할 것 같은 정보를 더
먼저 제공해 줍니다. 사용하는 학생의 수준과 특성에 따라 딱

맞는 문제를 제공해 주는 온라인 학습 서비스에도 인공지능이 사용돼요.

그 외에 의료, 금융, 과학 등 전문적인 분야에서도 인공지능은 널리 사용되고 있고, 인공지능 덕분에 그동안 풀리지 않았던 여러 문제가 풀리고 있습니다. 예컨대 단백질이라는 물질은 수없이 다양한 구조를 가질 수 있고 구조가 조금만 바뀌어도 성질이 천차만별로 달라지는 특징이 있어요. 그동안 단백질 구조를 파악하고 예측하고 정리하는 것은 오랜 시간과 노력이 필요한 어려운 문제였어요. 그런데 단백질 구조를 예측하는 인공지능(알파폴드: 구글 딥마인드에서 개발)이 나타나면서 단백질 구조 분석은 엄청난 속도로 성과를 내고 있어요. 이처럼 인공지능이 발전하면서 사람이 풀기에는 너무 어렵고 복잡한 문제도 빠르게 해결할 수 있게 되었습니다.

3. 인공지능이 사람처럼 생각하고 감정을 느끼나요?

인공지능 로봇이 등장하는 미래를 그린 여러 공상 과학(SF) 영화들이 있어요. <A.I.>(에이아이)라는 영화의 주인공인 데이비드는 사람과 똑같이 생긴 어린이 로봇이에요. 사람처럼 잠을 자거나 밥을 먹을 수는 없지만, 호기심이 많고 심지어 사랑이라는 감정도 느낄 수 있습니다. 한 부부에게 입양된 데이비드는 부모님의 사랑을 받기 위해 여러 노력을 하며, 부부의 친아들에게 질투를 느끼고 자신도 모르게 친아들을 위험에 빠뜨리기도 해요.

<바이센테니얼 맨>이라는 영화에 나오는 가정용 로봇 앤드류는 농담도 할 줄 알고 자신만의 예술 작품을 만들 수 있으며 사랑하는 감정을 느낄 수 있어요. 앤드류는 사람이 되고 싶어서 겉모습을 사람처럼 바꾸어 나갔어요. 또 로봇이니까 영원히 살 수 있었지만, 사람처럼 점차 늙어 가는 몸으로 자신을 개

조하기도 해요.

  영화에 등장하는 인공지능 로봇들은 마치 사람처럼 생각하

며 행동하고, 기쁨이나 슬픔, 사랑과 질투 같은 감정마저 느끼

는 모습을 보입니다. 현실에 존재하는 인공지능들도 사람처럼

생각하고 여러 감정을 느낄까요? 아직은 그런 인공지능이 존재

하지 않아요. 로봇 청소기도, 재밌는 영상을 추천해 주는 알고리즘도, 자율 주행 자동차도, 내가 건넨 말에 대해 마치 사람처럼 대답해 주는 대화형 인공지능 챗봇도, 단지 학습된 대로 행동할 뿐 사람처럼 의식과 자아를 가지거나 감정을 느끼지는 못합니다.

영화 속 인공지능 로봇처럼 사람의 생각과 감정을 똑같이 구현한 인공지능을 강한 인공지능 또는 강인공지능(Strong AI)이라고 불러요. 강인공지능은 인간의 지능을 통째로 흉내 낸 것으로 강인공지능이 만들어진다면 사람처럼 의식을 가지고 행동하고 감정도 느낄 수 있을 거예요. 하지만 사람의 지능이 무엇인지, 마음이나 의식이 어떻게 만들어지는지에 대해 우리는 잘 모릅니다. 그래서 사람의 지능과 마음을 흉내 내는 강인공지능을 만드는 것은 아직 여러 어려움이 있어요.

사람처럼 의식을 가지고 행동하는 것은 아니지만, 사람의 지능으로 할 수 있는 일을 기계가 대신 해결할 수 있는 도구로서 개발된 인공지능은 약한 인공지능 또는 약인공지능(Weak AI)이라고 불러요. 지금 현실에 존재하는 인공지능은 모두 약인공지능이며, 잘하는 분야가 정해져 있고 그 밖의 일은 잘하지 못하죠. 사람들의 얼굴을 구분하는 인공지능은 번역할 줄 모르고, 노래를 추천해 주는 인공지능은 운전할 줄 모릅니다. 사람의 얼굴을 구분하고 번역하고 운전하는 것을 모두 잘할 수 있는 사람과는 대조적이죠?

대신 약인공지능은 자신의 분야만큼은 사람보다도 더 잘할 수 있습니다. 바둑 인공지능은 이제 사람의 실력을 압도했고, 자율 주행차의 운전 실력도 사람을 따라잡고 있어요. 약인공지능은 사람의 지능과 마음을 흉내 내 만드는 것보다는 사람이 하던 일을 대신할 수 있는 도구를 만드는 것이 목적이랍니다.

아직 강인공지능이 등장하지 않았지만, 사람의 두뇌와 같은 강인공지능을 만들려는 연구도 계속되고 있으니 언젠가는 사람과 닮은 강인공지능이 나타나는 날이 올 수도 있답니다.

4. 컴퓨터와 인공지능의 아버지가 있다고요?

2021년 영국에서 새로 발행된 50파운드짜리(약 8만 원) 지폐에는 영국의 수학자이자 컴퓨터 과학의 선구자로 알려진 앨런 튜링의 얼굴이 새겨졌어요. 그는 컴퓨터와 인공지능의 아버지로 불리기도 해요. 영국은 새로운 50파운드 지폐에 과학 분야의 인물을 새기기로 결정하고 후보자들을 추천받았어요. 그 결과 약 1000명의 후보 중 앨런 튜링이 선정된 것이죠. 앨런 튜링은 어떤 사람이길래 지폐 모델로 선정되었을까요?

앨런 튜링은 1912년에 영국에서 태어났어요. 어릴 때부터 튜링은 영어와 라틴어는 싫어했지만 수학에 탁월한 재능을 보였어요. 괴짜 기질이 있어서 친구는 많지 않았지만, 마찬가지로 수학을 좋아했던 크리스토퍼 모컴이라는 친구와 친하게 지냈어요. 그런데 모컴이 결핵으로 어린 나이에 죽었고, 단짝 친구를 잃은 튜링은 크게 상심했어요. 이때부터 튜링은 인간의 지능을 기계로 구현하는 방법에 몰두하기 시작했다고 해요. 이것

이 가능하다면 죽은 친구의 뇌에 있던 지능도 후세에 전달할
수 있을 테니까요.

　케임브리지 대학에 간 튜링은 24세의 나이에 한 수학 문제
를 증명하기 위해 쓴 논문에서 '튜링 기계'라고 불리는 가상의
기계를 고안해 냈어요. 튜링 기계는 작동 규칙표에 따라 무한

히 긴 종이테이프를 앞뒤로 움직이며 기호를 쓰거나 읽을 수 있는 상상 속 계산 기계입니다. 튜링 기계는 단순해 보이지만, 종이테이프에 어떤 기호를 써 넣느냐에 따라 서로 다른 여러 계산 문제를 해결할 수 있어요. 컴퓨터가 존재하기 훨씬 전에 수학 문제를 해결하기 위해 고안한 튜링 기계는 이후 등장하는 컴퓨터의 모델이 되었어요. 컴퓨터 역시 튜링 기계처럼 여러 가지 일을 할 수 있는 기계예요. 문서 편집 프로그램을 실행하면 문서 편집기가 되었다가 게임을 실행하면 게임기가 되는 것처럼요.

1939년 제2차 세계 대전이 시작되자마자 튜링은 영국의 암호해독반에 합류합니다. 당시 독일군은 정교하고 난해한 암호 체계였던 에니그마(그리스어로 '수수께끼')를 사용했는데, 경우의 수가 너무 많아 암호를 푸는 데에만 몇 달이 걸렸어요. 더구나 매일 규칙이 바뀌어 24시간 안에 해독하지 못하면 소용이 없었어요. 튜링은 이러한 암호를 해독하기 위해 '봄베'라는 기계를 고안하여 설치했어요. 봄베 덕분에 암호 해독 속도가 빨라졌고, 나중에는 단 몇 분 만에 암호를 해독할 수 있었어요. 암호를 해독한 덕분에 전쟁은 조금씩 영국이 속한 연합군에게 유리하게 흘러갔고 결국 제2차 세계 대전은 연합군의 승리로 끝날 수 있었어요.

전쟁이 끝난 후 튜링은 인간의 지능을 기계로 구현하는 것에 계속 관심을 두었어요. 1950년, 튜링은 '튜링 테스트'라고 불리는 한 가지 실험을 제안했어요. 서로 보이지 않는 방 세 개에 각각 컴퓨터 한 대와 인간 두 명이 들어가 있고, 각각의 인간은 서로 다른 두 방에 있는 대상과 대화를 나눕니다. 누가 인간이고 컴퓨터인지는 알려 주지 않습니다. 대화를 나눈 결과 어느 쪽이 인간이고 어느 쪽이 컴퓨터인지 분간하지 못한다면 그 컴퓨터에 인간의 지능이 있다고 여길 수 있다고 보는 것이죠. 튜링은 2000년대쯤 튜링 테스트를 통과하는 컴퓨터가 나올 것으로 생각했지만, 아직 튜링 테스트를 통과한 컴퓨터 프로그램은 나타나지 않았어요. 컴퓨터도, 인공지능이라는 개념도 없던 시절에 튜링이 제안한 이 실험에 녹아든 생각은 훗날 인공지능 개념의 밑바탕이 되었어요.

튜링이 연구했던 이론들은 컴퓨터 과학과 인공지능의 기반이 되었어요. 오늘날 컴퓨터 과학 분야의 노벨상으로 여겨지는 상의 이름도 '튜링상'이랍니다.

강인공지능이 등장한다면
사람으로 동등하게 인정해 주어야 할까?

강인공지능은 인간처럼 의식과 감정이 있고 인간과 유사한 인지 능력을 가졌습니다. 아직 등장하지 않았고, 연구도 초기 단계입니다. 하지만 기술이 발전하여 언젠가는 영화 속 인공지능 같은 강인공지능이 등장할 것이라고 예측하는 사람도 적지 않습니다.

우리는 인간이기 때문에 인간으로서 가지는 존엄과 가치, 자

강인공지능이 인간과 같은 수준의 지능을 갖는다면, 그들은 우리와 비슷한 사고, 창의성, 학습 능력, 감정, 의식 등을 갖고 있을 거야. 사람과 같은 지능을 가진 인공지능과는 사람과 똑같이 대화하고 소통하며 감정을 공유하는 등 사람 대 사람으로서의 인격적 만남도 가능할 거야. 인간과 같은 능력을 가졌고 인격적 만남이 가능하기 때문에 인간과 동등한 지위와 권리를 줘야 한다고 생각해.

유와 권리, 즉 인권을 가지고 있어요. 인간이기 때문에 생명을 보호받고 자유를 누리며 인종, 민족, 나이 등을 이유로 차별받지 않을 권리가 있습니다. 만약 인간과 똑같이 사고하고 자아와 감정이 있는, 혹은 인간 이상의 지능을 가진 강인공지능이 등장한다면, 인권과 비슷하게 그들이 가지는 권리를 인정하고 동등하게 대우해야 할까요?

강인공지능이 나타나더라도 사람으로 동등하게 대해야 할 필요는 없어. 아무리 강인공지능이라고 해도 인공지능은 사람이 인위적으로 만든 존재이고, 복제도 가능한 소프트웨어의 한 종류일 뿐이지 우리와는 다른 존재야. 인간으로서 인정하는 기준을 정하는 건 매우 어려운 일이고 신중히 결정해야 할 문제야. 인간과 인공지능을 구분하고 각자에게 맞는 역할과 책임을 주는 게 맞다고 생각해.

2 인공지능은 어떻게 똑똑해지나요?

5. 인공지능은 어떻게 똑똑해지나요?

컴퓨터가 지능을 가진 것처럼 스스로 판단하고 행동하도록 만들기 위해 그동안 많은 연구와 노력이 있었어요. 처음에는 사람이 알고 있는 지식들을 "만약 ~라면 ~다."처럼 규칙의 형태로 하나하나 컴퓨터에게 알려 주는 방식을 시도했어요. '만약 횡단보도의 신호등이 빨간색이라면 멈추고, 초록색이라면 건너도 된다.', '만약 비가 온다면 우산을 쓰고, 그렇지 않으면 쓰지 않는다.'처럼요. 이처럼 상황에 따라 행동해야 할 규칙이나 지식을 정교하게 입력하는 것만으로도 지능이 있는 것처럼 보이게 만들 수 있어요. 하지만 이 방식에는 큰 한계가 있었어요.

우리가 알고 있는 지식들은 규칙의 형태로 표현하기 어려울 때가 더 많아요. 예를 들어, 우리는 고양이와 개를 쉽게 구분할 수 있지만, 개와 고양이의 어떤 차이점을 보고 구분하는 것인지 다른 사람에게 명확히 설명하는 건 쉽지 않아요. "만약 귀의 모양이 위를 향하면 고양이이고, 아래를 향하면 개다."라는 규칙을 세워도, 기분이 좋지 않는 고양이는 때로 귀가 내려갈 수 있고, 항상 귀가 위를 향하는 개도 얼마든지 있기 때문에 규칙이 늘 옳지는 않죠. 수염이나 눈, 코 같은 다른 신체 부위를 가지고 규칙을 세워도 예외는 있기 때문에 규칙은 점점 모호해지고 복잡해집니다. 때문에 사람이 일일이 컴퓨터에게 규칙을 세워 주는 방식은 한계가 있었죠.

그렇다면 고양이와 개를 구분하는 지식을 컴퓨터에게 어떻게 전해 줄 수 있을까요? 규칙을 일일이 알려 주기보다, 문제와 정답을 여러 차례 알려 주며 컴퓨터가 규칙을 스스로 깨닫게 만드는 방법을 사용합니다. 이러한 방식을 기계학습(머신러닝)이라고 합니다.

우리는 어떻게 개와 고양이를 구분하는 법을 배웠을까요? 누군가가 "귀가 뾰족한 것은 고양이고 얼굴이 긴 것은 개야."라고 알려 주어서 아는 것은 아닐 것입니다. 그보다는 우리가 개와 고양이의 모습을 볼 때마다 누군가가 "이건 개고 저건 고양이야."라고 알려 주었기 때문일 거예요. 처음에는 헷갈릴 수도 있지만, 고양이와 개를 마주할 때마다 반복해서 알려 주다 보니 어느샌가 머릿속에서 나만의 규칙을 발견하게 된 것이죠.

이미
사람을
넘어섰어!

인공지능도 사람이 배울 때와 비슷한 방식으로 학습을 할 수 있습니다. 아직 아무것도 모르는 인공지능에게 고양이 사진을 여러 장 보여 주며 이것이 고양이임을 함께 알려 줍니다. 검은색 고양이, 누워 있는 고양이, 웃는 고양이, 화가 난 고양이 등등 조금씩 다르게 생긴 고양이 사진들이 모두 '고양이'임을 함께 알려 주다 보면, 인공지능은 수많은 고양이 사진 속에서 공통점을 찾아냅니다. 어느 정도 학습이 되었다면 처음 보는 고양이 사진을 보더라도 미리 학습한 규칙에 따라 고양이임을 알아볼 수 있게 되는 것이죠.

실제로 이러한 방식 덕분에 이미지를 인식하는 인공지능 기술이 급격히 발전했어요. 2010년부터 이미지를 인식하고 분류하는 인공지능 경진대회가 있었는데, 처음에는 인공지능이 틀릴 확률이 28퍼센트나 되었지만, 인공지능이 스스로 학습하는 방법을 채택한 뒤로 인공지능의 오류율은 급격히 낮아졌습니다. 이제는 사람이 이미지를 보고 잘못 인식할 확률로 알려진 5퍼센트보다도 낮다고 해요. 이미지 인식 부분에서는 사람보다 인공지능이 더 뛰어난 능력을 보이는 것이죠.

6. 알파고는 어떻게 바둑의 신이 되었나요?

사람만큼 똑똑한, 혹은 사람보다도 똑똑한 인공지능을 만들기 위해 그동안 많은 연구가 진행되었어요. 인공지능이 사람만큼 똑똑한지 아닌지를 어떻게 알 수 있을까요? 앨런 튜링은 튜링 테스트를 통해 인공지능과 사람을 사람이 구분할 수 없다면 그 인공지능은 사람의 지능을 가지고 있다고 보았어요. 또 다른 방법이 있을까요? 인공지능과 사람이 게임을 해서 인공지능이 이긴다면 어떨까요? 게임은 주로 사람의 지능을 써야 하는 분야이고, 누가 이겼는지 확실히 알 수 있죠. 따라서 게임은 사람만큼 똑똑한 인공지능을 만드는 데에 좋은 소재였어요. 이러한 생각에서 출발하여 게임으로 사람을 이기는 인공지능 개발 연구가 활발히 이루어졌답니다.

체스는 이미 오래전 인공지능이 인간을 앞섰습니다. 1997년 뉴욕에서 있었던 체스 대결에서 세계 체스 챔피언 가리 카스파로프를 아이비엠(IBM)에서 만든 인공지능 컴퓨터 딥 블루가 2승

3무 1패로 이겼죠. 컴퓨터가 사람을 이길 수 없다는 오랜 통념을 깨뜨린 사건이었습니다.

당시 딥 블루가 체스로 사람을 이기기 위한 전략은 엄청난 수준의 계산 속도였어요. 체스의 방대한 경우의 수 중에서 명백히 불리한 수들을 계산에서 제외하는 여러 지능적인 방법이 쓰이기는 했지만, 기본적으로는 막강한 성능의 슈퍼컴퓨터로 체스의 경우의 수를 빠르게 계산하는 것이 기본 전략이었죠. 참고로, 지금 여러분이 쓰는 스마트폰이 당시 딥 블루 슈퍼컴퓨터보다 높은 성능을 가지고 있다고 해요. 컴퓨터의 발전 속도가 참 빠르죠?

인공지능이 체스에서 인간을 이긴 이후에도 많은 사람들은 바둑에서 인공지능이 인간을 이기는 일은 오랜 후에나 가능할 것이라고 생각했어요. 말이 이동할 수 있는 방향이 규칙으로 어느 정도 정해진 체스와 달리, 바둑은 가로세로 19줄의 361칸 위 어느 곳에도 돌을 둘 수 있기 때문에 경우의 수가 체스보다도 훨씬 방대합니다. 우주에 존재하는 원자의 수보다도 훨씬 많다고 알려졌을 정도이지요. 아무리 빠른 컴퓨터라도 바둑의 경우의 수를 모두 계산하는 것은 불가능하다고 여겨졌어요.

    2016년에도 사람들의 생각은 같았어요. 이세돌과 알파고의
대결에서 알파고가 완승을 거둘 것이라 예상한 사람은 많지
않았습니다. 그러나 알파고는 서울 한복판에서 보란 듯이 바둑
의 최강자 이세돌을 이겼습니다. 많은 사람이 충격을 받은 사
건이었어요. 알파고는 어떻게 바둑에서 사람을 이길 수 있었을

까요? 정말 우주의 모든 원소보다 많은 경우의 수를 계산해 낸 것일까요?

알파고가 바둑 실력을 높이는 데에는 딥러닝 기술이 사용되었어요. 정책망과 가치망이라는 두 가지 인공 신경망을 사용했다고 해요. 정책망은 현재 바둑판의 상태에 따라 다음 수를 어디에 놓는 것이 좋을지 판단하는 인공지능입니다. 그동안 사람들이 바둑을 두었던 기록인 기보를 16만 개 사용해 학습했고, 이를 바탕으로 스스로 바둑을 두며 점점 실력을 키워 나갔다고 합니다. 스스로 둔 바둑에서 이긴 쪽의 수에 대해 확률을 조금씩 높이는 방식으로 학습하는 것이죠.

또 하나의 인공 신경망인 가치망은 현재 바둑돌이 놓인 모습에 대해 승패 확률을 예측하는 인공지능입니다. 지금 국면이 내가 유리한지 상대가 유리한지 판단하는 것이죠. 현재 국면에서 시작해서 정책망끼리 약 3000만 번의 바둑을 빠르게 두고 누가 더 많이 이겼는지를 바탕으로 확률을 계산하죠.

알파고 이후에 여러 바둑 인공지능이 등장했고 사람이 도저히 인공지능을 이길 수 없을 정도까지 실력 차이가 나게 되었습니다. 이제는 프로 기사들이 인공지능을 이용해 바둑을 공부한다고 하죠. 알파고는 이후 알파제로라는 이름의 인공지능으로 발전했어요. 바둑을 뜻하는 일본어인 고(go)라는 말을 이름에서 빼 바둑 전용 인공지능에서 다른 게임들도 잘하는 범용 인공지능임을 표방하고 있어요.

알파고는 바둑계를 크게 변화시켰어요. 그동안 정석으로 알려진 수들이 알고 보니 승률이 낮은 수였고, 아무도 둘 생각을 하지 않던 수가 사실은 좋은 수였다는 것이 밝혀지기도 했어요. 바둑에 대한 연구가 활발해졌고 바둑기사들의 실력이 크게 향상되기도 했습니다. 인공지능의 도움을 받아 처음 바둑을 접하는 사람도 빠른 시간 안에 실력을 올릴 수 있게 되었어요. 반면, 바둑기사마다 서로 다른 성향을 뜻하는 '기풍'이 점차 옅어지고, 결국은 인공지능과 비슷하게 두는 사람이 이기는 경쟁이 되어 버렸다는 평도 있어요. 바둑 대회에서 몰래 인공지능을 돌려 커닝(부정행위)을 하는 사례가 적발되기도 했어요. 앞으로 인공지능은 긍정적 방향이든 부정적 방향이든, 바둑뿐만 아니라 사회의 각 부분을 크게 변화시킬 것으로 예상됩니다.

7. 인공지능 기술은 어떻게 발전했나요?

앨런 튜링이 1950년 「컴퓨팅 기계와 지능」이라는 논문에서 '기계가 생각할 수 있는가?'라는 아이디어를 제공한 뒤, 1956년 다트머스 대학에서 학자들이 모여 한 달간의 긴 회의를 열었어요. 이 회의를 개최한 존 매카시에 의해 인공지능(Artificial Intelligence)이라는 용어가 처음으로 등장합니다. 존 매카시는 앨런 튜링과 함께 인공지능의 아버지라고 불리는 사람이에요.

인간처럼 생각하고 문제를 해결하는 인공지능을 만들어 내기 위해 이후 활발한 연구가 진행되었어요. '체스 챔피언을 이기는 기계', '음악을 작곡하는 기계'가 등장할 것이라 예측하며 인공지능 연구는 1970년까지 활발히 진행되었지만, 좀 더 복잡한 문제를 풀 수 있는 수준까지는 도달하지 못하고 정체되었어요. 특히 사람과 같은 수준의 인공지능을 만드는 것에는 큰 벽이 있음을 느끼고 기대에 부풀었던 인공지능 연구는 결국 차가운 겨울을 맞이하게 됩니다.

정체되었던 인공지능 연구는 1980년대에 다시 전성기를 맞이합니다. 당시에는 사람과 같은 인공지능(강인공지능)을 만들자는 낙관적인 기대보다는 실용적이고 특정 분야에서만이라도 사람을 흉내 낼 수 있는 인공지능(약인공지능)을 만들자는 현실적인 목표를 세웠어요. 이때부터 컴퓨터에게 전문가들의 지식과 정보를 학습시켜 활용하고자 하는 전문가 시스템에 대해 주목하기 시작했습니다. 의료 분야의 방대한 지식을 갖춘 의사가 사람들의 병을 진단하고 치료하듯이, 의료 분야의 지식을 축적한 전문가 시스템이 있다면 더 많은 사람의 의료 지식을 사용할 수 있겠죠. 전문가 시스템에 대한 연구는 이후 여러 성과를 내었지만, 전문가들의 지식뿐만 아니라 오랜 경험을 통해 쌓인 직관이나 느낌 같은 것을 인공지능에게 학습시키는 것에는 어려움이 있었어요. 조금이라도 축적한 지식의 수준을 벗어나는 문제는 해결이 어렵다는 문제도 있었죠. 전문가 시스템에 대한 한계가 점점 뚜렷해지면서 인공지능 연구는 다시 암흑기를 맞게 됩니다.

2006년 캐나다 토론토 대학의 제프리 힌튼 교수가 '딥러닝'에 대해 발표하면서 인공지능 연구는 또 한 번 활기를 되찾게

사람들은 머지않아 인류의 지능을

뛰어넘는 인공지능이 등장하는 시기인

'특이점'이 올 것이라 예측하기도 해요.

돼요. 딥러닝은 사람의 뉴런을 모방한 인공신경망을 기반으로 작동하는데 인공신경망에 대한 연구는 인공지능에 관심을 갖기 시작한 초기부터 이루어지고 있었어요. 인공신경망을 구성하는 요소인 퍼셉트론은 인공지능이란 말이 생기고 1년이 지난 1957년에 처음 고안되었고, 인공지능 연구의 암흑기에도 그에 관한 연구는 꾸준히 이루어졌어요. 다만 인공신경망을 이용하는 것은 당시 컴퓨터의 성능으로는 부담이 될 정도로 많은 계산이 필요했고 이에 한계를 느낀 사람들은 인공신경망이란 표현이 들어간 논문만 보아도 반사적으로 외면했다는 이야기도 있습니다. 그렇게 묵묵히 인공신경망에 대한 연구를 이어간 끝에, 2006년에 여러 개의 층으로 구성된 인공신경망을 '딥러닝'이라는 새로운 이름으로 발표하면서 인공신경망이 드디어 빛을 발하게 됩니다.

딥러닝이 그동안 해결하지 못할 것으로 여겨진 여러 문제들을 해결하기 시작하면서 인공지능 연구는 새로운 전성기를 맞이하고 오늘날에 이르고 있습니다.

두 번의 암흑기를 겪었지만, 이제 인공지능 기술은 우리 사회를 크게 변화시키고 있고, 사람들은 머지않아 인류의 지능을 뛰어넘는 인공지능이 등장하는 시기인 '특이점'이 올 것이라 예측하기도 해요. 물론 특이점이 아니라 한계에 부딪혀 새로운 암흑기가 올지도 모를 일이죠.

8. 대화형 인공지능이 무엇인가요?

　사람의 말을 이해하고 대화를 나눌 수 있는 인공지능 기술을 대화형 인공지능이라고 합니다. 아이폰의 시리, 구글의 구글 어시스턴트처럼 가상 비서 프로그램이나 스마트 스피커, 기업의 고객 지원 서비스에서 제공하는 챗봇, 자유롭게 이야기를 나누기 위해 만들어진 이루다와 같은 챗봇, 그리고 2023년 많은 사람들을 놀라게 한 챗지피티(chatGPT) 같은 인공지능이 대화형 인공지능의 예시죠. 대화형 인공지능은 사람들과 대화하는 것처럼 우리와 대화하고 질문에 대답해 줄 수 있어요.

　챗지피티의 GPT는 Generative pre-trained Transformer의 준말로, 방대한 양의 텍스트 데이터를 수집하여 인공 신경망을 통해 미리 학습한(pre-trained) 후 문맥과 상황에 맞는 적절한 텍스트를 생성하여(generate) 우리와 대화하는 방식을 말해요. 챗지피티는 엄청난 양의 대화 데이터와 인터넷에서 수집한 정보를 학습해서 우리의 질문에 대한 답변을 맥락에 맞게 만들어 내는 일을 합니다. 예를 들어, 누군가 "오늘 날씨 어때?"라고 물었을 때 오늘 날씨를 말하는 것이 맥락에 맞는 대답입니다. 챗지피티가 학습한 데이터 중에는 이런 대화의 흐름이 포함되어 있기 때문에 맥락에 맞는 대답을 생성하려고 합니다.

우리나라에서 2020년에 나온 '이루다'라는 인공지능도 사람들의 높은 관심을 받았어요. 20대 초반의 여성이라는 설정을 가진 대화형 인공지능 이루다와 대화를 한 사람들은 실제로 존재하는 사람과 대화하는 것 같은 느낌을 받았어요. 젊은 연인들의 대화 내용을 주로 학습했기 때문에 이루다의 대답이 딱딱한 말투가 아니라 20대 여성들이 흔히 사용하는 말투였어요. 출시된 지 2주 만에 75만 명이나 되는 사람이 이루다와 대화를 나누었을 정도로 이루다는 큰 유명세를 끌었지만, 개인정보 유출이나 혐오 표현이 문제가 되어 서비스가 중단되었습니다. 약 2년 후 문제점을 개선하여 다시 서비스를 시작했어요.

대화형 인공지능은 다양한 분야에서 가치 있게 활용될 수 있어요. 고객 지원을 위한 상담원을 고용하는 것은 기업 입장에서는 비용이 많이 발생해요. 여러 고객을 상대해야 하니 많은 상담원을 고용해야 하죠. 사람이 일하기 때문에 퇴근 시간

미래 세대를 위한 인공지능 이야기

이후에는 상담을 받기 어렵습니다. 무엇보다 무리한 요구를 하거나 무례한 고객을 상대해야 하는 상담원의 스트레스도 큽니다. 하지만 대화형 인공지능 상담원을 사용한다면 많은 고객을 한 번에 상대할 수 있고, 24시간 내내 언제나 대답해 줄 수도 있습니다. 사람이 아니라 인공지능이니 상처받을 일도 없죠. 고객을 상대하는 것이 아직은 완벽하지 않지만 여러 기업에서 고객 지원을 위한 AI 상담원을 사용하고 있어요.

챗지피티와 같은 인공지능을 사용하면 궁금한 내용도 빠르게 해결할 수 있어요. 검색어를 바탕으로 웹 데이터를 찾아 주면 필요한 정보를 내가 스스로 골라야 하는 웹 검색과 달리, 대화형 인공지능에게 질문을 하면 맥락을 이해하여 나에게 딱 필요한 답변을 제공해 주죠.

물론 아직 대화형 인공지능은 완벽하지 않아요. 때로 진짜 사람과 이야기하는 느낌이 들 수도 있지만 대화형 인공지능 역시 사람처럼 생각하고 행동하는 강인공지능은 아니에요. 사용자의 질문에 확률적으로 가장 적합한 답을 계산해서 출력하는 알고리즘일 뿐이죠. 질문을 알아듣지 못하거나 정확하지 않은 정보를 출력하는 문제가 발생할 수도 있어요. 아직은 약점이 많고 신중하게 사용해야 하지만, 콩떡같이 말해도 찰떡같이 알아듣고 내가 원하는 정보를 찾아 주거나 귀찮은 일을 대신 해 주는 대화형 인공지능으로 더욱 일을 편리하게 할 수 있는 날이 오고 있어요.

9. 인공지능 발전에 우리의 정보가 쓰인다고요?

인공지능이 급격히 발전한 이유를 이야기할 때에는 컴퓨터 계산 성능의 급격한 향상과 함께 빅데이터의 역할을 빼놓을 수 없어요. 인터넷이 보급되고 속도가 빨라지면서 사람들은 인터넷 공간에서 많은 일을 하게 되었어요. 인터넷 기사에 댓글을 쓰거나, SNS에 사진을 업로드하거나, 그 외 많은 일을 하면서 인터넷 공간에는 사람들이 만들어 낸 데이터가 쌓이기 시작했고, 엄청난 양의 데이터를 수집하여 인공지능 학습에 사용할 수 있게 되었어요.

학습에 사용할 수 있는 데이터가 많아질수록 인공지능은 더욱 똑똑해질 수 있었어요. 챗지피티도 인터넷에 떠도는 수많은 텍스트 데이터를 학습해서 똑똑해졌다고 해요. 여러분들이 인터넷에서 무엇인가를 클릭하거나 시청하거나 글을 쓰거나 반응을 보이는 모든 활동이 데이터의 형태로 저장되고 있고, 어

떤 인공지능을 학습시키는 데에 사용될 수 있어요.

자율 주행 전기 자동차로 유명한 테슬라는 자신들이 판매한 차량을 통해 방대한 데이터를 수집한다고 해요. 인간 운전자의 조작과 테슬라에 내장된 자율 주행 인공지능의 예측이 차이가 있을 경우 그때 카메라로 촬영된 주변 상황, 운전자의 조작, 차량 속도와 같은 다양한 데이터를 테슬라 본사의 서버에 인터넷으로 전송합니다. 이렇게 수집된 데이터는 테슬라의 자율 주행 인공지능을 보다 똑똑하게 만드는 학습 데이터로 쓰이고 있어요.

어떤 인공지능은 학습에 개인 정보 데이터를 사용할 수도 있어요. 챗봇 이루다는 젊은 연인들의 실제 채팅 대화 데이터를 학습에 사용했다고 해요. 의료 진단 인공지능을 만들 때에도 환자의 의료 기록이나 검사 결과 데이터와 같은 개인 정보를 학습에 활용할 수 있어요.

개인 정보를 활용할 때는 개인 정보 당사자에게 미리 허락을 받아야 하며, 실명이나 개인을 유추할 수 있는 정보를 지우는 등의 조치를 미리 취해야 해요. 데이터를 많이 사용하면 인공지능이 더 똑똑해질 수 있겠지만, 무분별하게 개인 정보를 사용하다가 개인 정보가 유출된다면 큰 문제가 발생할 수도 있습니다. 개인 정보를 사용할 때는 항상 조심해야 하고, 개인 정보를 다루는 기관이나 업체가 안전하게 개인 정보를 다루는지 감시하는 것이 중요합니다.

 **토론 주제**

학교에서 챗지피티를 제한해야 할까?

학교에서 챗지피티를 활용하는 것에 대한 여러 고민이 있어요. 대학교에서는 학생들에게 글쓰기 형식의 과제물을 제출받는 경우가 많은데, 많은 대학생이 챗지피티가 작성한 글을 그대로 과제로 제출하는 바람에 문제가 되기도 했어요. 스스로 글을 쓰지 않고 챗지피티에게만 의존한다면 학생들의 창의력과 비판적 사고력이 낮아지게 된다며 우려하는 목소리

글쓰기 과제를 챗지피티에게 맡기는 건 자신의 생각으로 글을 쓰는 게 아니기 때문에 부정행위와 비슷해. 글을 논리적으로 쓰거나, 독창성이 담긴 소설이나 시를 쓰는 일은 스스로 해야 하는 일이고, 많은 연습이 필요한 일이야. 학교에서 챗지피티 사용을 제한하지 않는다면 학생들이 챗지피티에 크게 의존하게 되어 논리력과 창의력을 기를 기회를 잃게 될 거야. 게다가 챗지피티는 아직 잘못된 정보를 지어 내기도 하는 등 완벽하지 않기 때문에 제한 없이 챗지피티를 사용하는 것은 여러 문제를 발생시킬 수 있어.

도 나와요. 몇몇 학교는 아예 챗지피티 사이트의 접속을 차
단하기도 했어요. 반면 챗지피티는 계산기처럼 글쓰기에 도
움을 주는 도구일 뿐이며 제대로 활용한다면 훨씬 많은 장점
이 있기 때문에 학교 교육에 적극적으로 활용해야 한다는 목
소리도 존재해요. 여러분은 어떻게 생각하나요?

챗지피티는 사람에게 도움을 주는 도구로서 충분히 활용되어야 해. 스스로 글
을 쓰는 연습을 하는 것도 중요하지만, 인공지능을 내 목적에 맞게 잘 활용하
는 것을 연습하는 것도 중요해. 챗지피티에게 내가 쓴 글을 다듬어 달라고 부
탁할 수도 있고, 챗지피티와 대화를 하면서 자신의 생각을 넓히거나, 챗지피
티가 이야기한 것이 옳은지 그른지 찾아보며 비판적 사고를 키울 수도 있어.
제한하고 금지하기보다는 다양한 방식으로 활용해 보는 게 좋다고 생각해.

3 인공지능이 예술도 한다고요?

10. 인공지능이 소설과 기사를 쓴다고요?

사람의 자연어를 학습한 인공지능은 소설이나 기사를 쓰는 데도 활용할 수 있어요. 챗지피티가 학습한 수많은 글 중에는 소설도 포함되어 있어 기존의 소설들과 비슷한 패턴과 구조로 글을 생성할 수 있어요. 아래는 실제로 챗지피티한테 소설의 시작 부분을 써 달라고 부탁했을 때의 답변이에요.

한 가을날, 꽃잎이 바람에 춤추는 듯한 공원에서 두 학생이 마주 쳤어요. 나비처럼 경쾌한 움직임으로 춤추는 여학생의 이름은 '지영'이었고, 그녀를 지켜보며 눈이 반짝이던 남학생의 이름은 '진호'였어요.

진호는 지영이의 춤추는 모습을 보며 마음이 설레었어요. 그녀의 우아하고 자유로운 움직임은 마치 하늘에서 흐르는 구름처럼 아름답게 다가왔어요. 지영은 춤추는 동안 우주에 떠다니는 별처럼 빛나 보였어요.

조금 유치하고 식상할지 모르겠지만 분명 소설의 구조를 갖춘 글을 써 주었어요. 물론 줄거리의 앞뒤가 맞지 않는 부분이 있을 수 있어요. 재미있는 설정을 생각해 낸 뒤 인공지능에게 '~~한 내용의 소설'을 써 달라고 부탁해 보세요. 인공지능이 써 준 글을 바탕으로 자신의 생각과 창의적인 표현을 추가해서 조금씩 수정해 나간다면 여러분도 그럴듯한 소설을 쓸 수 있을 거예요.

뉴스 기사를 대신 작성해 주는 인공지능도 있습니다. 특히 주식 시장의 상황이나 스포츠 뉴스처럼 기사의 구조가 어느 정도 정해져 있는 경우에는 훨씬 쉽게 작성할 수 있어요. 야구 경기의 결과를 입력하면 기사를 자동으로 써 주는 인공지능은 2015년에도 이미 존재했고, 앞으로도 간단한 기사를 쓸 때 인공지능의 도움을 받는 일은 점점 많아질 거예요. 하지만 뉴스는 단순한 사실만 전달하는 것이 아니라 깊은 분석과 기자의 주관적인 판단이 들어가야 할 때도 있기 때문에 아직은 기사를 쓰는 일을 인공지능에게 오롯이 맡길 수는 없어요.

챗지피티같이 글을 쓰는 인공지능은 그 외에도 요약을 하거나, 문장을 다듬어 주는 일도 잘할 수 있어요. 긴 글을 읽고 요약하거나, 간단한 글을 쓰는 것처럼 어렵지는 않지만 귀찮았던 일들을 한 문장으로 부탁할 수 있어요. 창의력과 문학적 표현, 깊은 통찰력이 필요하여 사람이 오랜 시간을 들여 정성스럽게 써야 하는 글도 있지만, 단순히 정보 전달이 목적인 글을 써야 할 때는 인공지능의 도움을 받아 보는 것도 좋은 방법이 될 수 있습니다.

11. 인공지능이 그린 그림이 5억 원에 팔렸다고요?

2018년에 뉴욕에서 진행된 한 경매에서 인공지능이 그린 그림이 약 4억 9400만 원에 팔렸어요. 금색 테두리의 액자 속에 흐릿한 얼굴의 남성이 그려진 이 그림은 17세기 화가인 렘브란트의 그림과 비슷한 느낌을 주어요. 이 그림을 그린 인공지능은 14~20세기의 그림 작품 1만 5000여 점을 학습했다고 해요. 사람들은 약 5억 원이라는 높은 가격에 놀라기도 했지만, 그동안 사람만의 영역이라고 믿고 있던 예술 영역에까지 인공지능이 미칠 수 있다는 것에 더 놀라워했습니다.

5년이 지난 오늘날에는 인공지능의 그림 솜씨가 훨씬 좋아졌어요. 피카소나 고흐처럼 유명한 화가의 화풍을 재현하여 그림을 그리는 인공지능도 있고, 누구나 쉽게 AI를 이용해 그림을 그릴 수 있는 서비스가 많이 생겼어요. 미드저니, 노벨 AI, 스테이블 디퓨전 같은 서비스를 이용하면 그리고 싶은 것

을 AI에게 부탁할 수 있어요.

심지어는 인공지능이 그린 그림이 미국의 한 미술전에서 대상을 타는 일도 있었어요. 이 작품을 출품한 게임 기획자 제이슨 앨런은 미드저니를 이용해 작품을 만들었으며 작품을 만들고 출품하기까지의 과정을 자신의 SNS에 밝혔어요. 사람들은 직접 그리지도 않은 작품을 미술전에 출품하는 것은 부정행위라며 분노하기도 했고, 또 어떤 사람들은 예술의 영역도 인간이 AI에게 밀리기 시작했다며 무서워하기도 했어요.

그림을 그려 주는 인공지능은 실제 현장에서도 널리 쓰이기 시작했어요. 인터넷에 소설을 연재하는 신인 웹소설 작가들은 작품을 웹소설 플랫폼에 무료로 연재를 하면서 자신을 알리기 시작해요. 이때 많은 사람들의 눈길을 끌어 자신의 소설을 클릭하도록 하기 위해서는 작품의 제목과 표지가 매우 중요하죠. 때문에 원래는 그림판으로 직접 그리거나, 일러스트레이터에게 돈을 주고 표지 그림을 부탁하여 사용하는 경우가 많았어요. 그런데 그림 생성 AI가 알려지면서 이 표지 디자인을 AI에게 부탁하는 사례가 많아졌고, 한 웹소설 플랫폼에서는 상위 랭킹 10위 작품 중 5개가 AI가 그린 표지라고 밝히기도 했어요. 전문 일러스트레이터로 활동하는 사람들의 일을 AI가 대체한 사례라고 할 수 있어요.

그런데 인간 작가와 AI가 다른 점이 하나 있어요. AI는 인간처럼 스스로 창작을 한 것은 아니라는 점이에요. 사람이 그림을 배우듯 AI도 이미 존재하는 수많은 그림을 학습했지만, 사람처럼 무언가를 그려야겠다는 창작 욕구를 스스로 일으킨 것은 아니에요. 단지 사람이 그려 달라고 부탁한 문장을 분석해서 알고리즘에 따라 결과물을 내놓았을 뿐이죠.

AI와 인간의 또 하나의 다른 점은 작품을 감상하는 능력이에요. 인간은 AI와 달리 감정이나 상상력, 창의력이 있습니다. 인간은 미술 작품을 감상할 때 자신의 경험이나 감정, 선호도, 가치관 등에 따라 다양한 해석이나 평가를 할 수 있어요. 예술가의 의도나 메시지를 이해하거나, 자신의 감정이나 생각을 표현하거나, 다른 사람과 소통하거나, 새로운 영감을 얻을 수도 있습니다.

이에 비해 AI는 미술 작품의 형식이나 스타일, 구조 등을 분석하고 모방하거나 생성할 수는 있지만, 인간의 감정이나 상상력, 창의력 같은 요소는 아직 잘 이해하거나 표현하지 못할 수 있습니다. 반면에 인간은 미술 작품에 대해 주관적이고 다양한 반응을 보일 수 있지만, AI처럼 정확하고 빠르게 데이터를 처리하거나 새로운 결과물을 만들기는 어려울 수 있습니다.

AI와 인간은 서로 다른 방식으로 미술 작품을 생산하고 감상합니다. 하지만 이는 경쟁 관계가 아니라 상호 보완 관계로 볼 수도 있습니다. AI는 인간의 예술 경험의 지평을 넓히고 새로운 예술 형식의 출현을 가능하게 할 수 있습니다. 인간은 AI의 작품에 대해 자신만의 해석과 평가를 할 수 있고, AI와 협업하여 창조적인 작업을 할 수 있습니다. AI와 인간은 서로 배우고 영감을 주고받으며 예술의 발전에 기여할 수 있기 때문입니다.

12. 빠른 배송 서비스에 인공지능 기술이 쓰인다고요?

　온라인 쇼핑몰에서 물건을 주문하고 택배로 받는 일은 이제 너무나도 당연한 일상이 되었어요. 2021년 전국 택배 물품의 수는 36억 개에 육박한다고 해요. 그 정도로 우리는 택배를 자주 이용합니다. 보통 택배는 주문에서 도착까지 2일에서 5일 정도가 걸리기 마련인데, 로켓 배송이나 새벽 배송같이 배달의 속도를 더욱 단축시킨 서비스도 있어요. 온라인 쇼핑몰 회사들은 어떻게든 배송 시간을 더 단축하기 위해 계속해서 다양한 노력을 하고 있어요.

　세계 물류업계에서 독보적인 위치에 있는 아마존은 빅데이터와 인공지능을 적극적으로 활용하는 기업이에요. 책을 판매할 때 빅데이터를 활용해서 고객이 좋아할 만한 책을 자동으로 추천하는 북매치 서비스는 아마존이 처음 시작했어요. 아마존은 또 배송에 걸리는 시간을 줄이기 위해 인공지능을 활

용한 예측 배송 시스템을 사용한다고 해요. 예측 배송 시스템
은 고객이 어떤 물건을 주문할지 예측하여 미리 그 물품을 포
장해서 고객과 가까운 물류 창고에 가져다 놓는 시스템입니다.
미국은 워낙 땅이 넓어 우리나라보다 배송이 오래 걸릴 수밖에
없어요. 고객이 주문하려는 물건을 고객의 집 근처 물류창고에
미리 가져다 놓는다면 배송 시간과 비용을 아끼는 데 매우 큰 도

움이 될 것입니다. 그런데 아마존이 점쟁이도 아니고 어떻게 고객이 주문도 하기 전에 주문할 것을 예측하는 게 가능할까요?

아마존은 고객에게 설문 조사를 하여 수집한 데이터부터, 고객이 지난번 구매한 물건의 내역, 고객이 어떤 물건을 자주 들여다보고 장바구니에 담았는지까지 고객에 대한 수많은 데이터를 수집하고 분석하여 고객이 다음번에 어떤 물건을 구매할지 계산할 수 있었다고 합니다. 물론 이것은 예측일 뿐이니 틀릴 때도 있어요. 예측에 따라 물류창고에 물건을 가져다 놓았는데 막상 고객이 그 물건을 구매하지 않는다면 어떻게 할까요? 그럴 때는 해당 물건 값을 할인하여 구매를 유도하거나 선물로 증정하는 등 틀린 예측마저 활용했다고 합니다.

우리나라는 미국만큼 땅이 넓지 않아 웬만한 택배는 이틀 안에 도착합니다. 하지만 이틀도 길다고 여긴 업계에서는 '새벽 배송'을 내세워 서로 경쟁을 하고 있습니다. 새벽 배송이 가능한 이유도 역시 인공지능과 빅데이터를 이용한 예측 시스템 덕분이에요. 소비자들의 과거 주문 데이터와 시기, 시간, 지역 등을 고려해 가장 가까운 물류센터에 미리 상품을 가져다 놓는 것이죠.

배송은 여전히 사람의 일이에요. 택배기사가 물건을 싣고 운전하여 집 앞까지 물건을 가져다 놓는 일은 아직은 인공지능이나 로봇이 대체하기 어려운 것 같아요. 하지만 주문과 배송 사이, 우리 눈에 보이지 않는 곳에서 일어나는 일들은 인공지능 기술 덕분에 점점 발전하고 개선되고 있어요.

13. 존재하지 않는 사람의 얼굴을 만들어 낼 수 있다고요?

유튜브 채널 <루이커버리>에 출연하는 루이라는 유튜버가 있어요. 2020년부터 노래를 부르거나 댄스 영상을 주로 올리며 활동해 왔는데, 이 인물의 얼굴이 실제 사람이 아니라 가상이라는 사실이 알려지며 큰 화제가 되었어요. 루이의 몸과 목소리는 실존하는 사람이지만 루이의 얼굴은 7명의 얼굴 데이터를 합성한 것이라고 해요. 이 이야기를 듣고 많은 사람들이 놀라움을 감추지 못했어요. 영상으로 볼 때는 전혀 합성한 티가 나지 않고 진짜 사람 같은 자연스러운 모습이기 때문이었죠.

2021년 한 카드 회사 광고에 모델로 출연했던 '오로지'라는 인물 역시 실제 존재하지 않는 가상의 인물이에요. 로지는 인스타그램 팔로워 15만 명을 보유한 버추얼 인플루언서로 젊은 계층이 선호하는 외모를 모아 만들었다고 해요. 광고나 잡지 모델로 등장하거나 음반을 발매하기도 하는 등 활발한 활동을 하고 있어요. 해외에도 릴 미켈라, 이마와 같은 버추얼 인플루언서들이 활동하고 있어요. 참고로, 버추얼 인플루언서는 가상을 의미하는 버추얼(Virtual)과 유명인을 뜻하는 인플루언서(Influencer)의 합성어입니다.

루이와 로지는 모두 가상 인간을 만드는 회사에서 기술을 홍보하기 위한 목적으로 만든 캐릭터예요. 많은 사람이 루이와 로지가 실존하는 사람이 아닌 것을 알고 놀랐고, 또 여전히 실제 연예인처럼 많은 관심을 주고 있으니 이 기업들의 홍보 전략은 어느 정도 성공했다고 볼 수 있겠습니다.

인공지능 기술을 활용하면 실제 존재하지 않는 새로운 얼굴을 만들거나 원래 있는 사람의 얼굴에 새로운 얼굴을 덧입혀서 활용할 수 있어요. 가상세계의 사람이라는 콘셉트의 캐릭터는 과거에도 많았지만, 오늘날의 인공지능 기술이 만들어 내는 얼굴은 마치 실존하는 사람으로 착각하게 만들 정도로 발전해 있어요.

실제로 존재하지는 않지만 진짜처럼 느껴지는 이미지는 어떻게 만들어질까요? 이러한 작업에는 주로 GAN(Generative Adversarial Network) 기술이 사용돼요. 제너레이티브(Generative)는 실

제로 있을 법한 것을 '생성'한다는 의미가 있어요. 애드버서리얼(Adversarial)은 두 인공지능이 서로 경쟁하면서 발전한다는 의미입니다.

GAN은 마치 경찰과 위조지폐범이 서로 경쟁하는 모습처럼 작동해요. 위조지폐범은 처음에는 서툴러서 허술한 위조지폐를 만들어 경찰한테 금방 잡힐 거예요. 이후 위조지폐범은 검거되지 않기 위해 점점 정교한 기술을 익혀 시도하고, 경찰 역시 점점 지폐의 위조 여부를 판단하는 능력을 기르게 됩니다. GAN에서는 위조지폐범 역할을 생성자(Generator)라고 하고, 경찰의 역할은 구분자(Discriminator)라고 불러요. 생성자의 목적은 구분자가 속을 정도로 그럴듯한 가짜를 만드는 것이고, 구분자는 진짜와 가짜를 구분하는 것이 목적이지요. 두 인공지능을 서로 경쟁시키면서 실제 사람들도 구분하기 어려운 가짜 얼굴을 생성하는 원리입니다.

유명한 연예인이나 인플루언서로 활동하는 것은 부럽고 멋있어 보이기도 하지만 한편으로는 많은 어려움이 있기도 해요. 밖에서 많은 사람들이 알아보기 때문에 사생활이 보호되지 않는 불편함이 있고, 작은 실수에도 크게 비판을 받기도 하죠.

하지만 만약 내가 내 진짜 얼굴을 가리는 대신 진짜 같은 가짜 얼굴로 유튜브 활동을 한다면 인기와 사생활 보호라는 두 마리 토끼를 잡을 수 있겠죠?

가상 인물이 가지는 또 하나의 장점은 지치지 않는다는 점이에요. 사람은 일을 하면 휴식을 취하고 잠도 자야 하지만, 가상의 인간은 프로그램일 뿐 지칠 일이 없어요. 가상 인간이 아나운서라면 하루 종일 뉴스를 진행할 수도 있는 것이죠.

한편으로 이런 기술은 사람들을 고민에 빠뜨리기도 해요. 점점 진짜와 가짜를 구별하기 어려운 세상이 되어 가고 있어요. 자칫 악용한다면 많은 사람을 속이는 데에 이런 기술이 쓰일 수도 있어요.

토론 주제

인공지능이 만든 예술 작품은 독창성이 있을까?

인공지능으로 만든 예술 작품이 상을 받고 또 미술 경매 시장에서 5억 원가량에 판매되는 등 큰 인기를 얻고 있습니다. 인공지능으로 만든 작품의 예술성이 뛰어나기에 이런 수상과 판매가 당연하다는 주장과 인공지능으로 만든 작품은 선택

인공지능으로 만든 예술 작품도 독창성을 갖고 있어. 사람들의 작품을 모방하거나 조합하는 것이 아니라, 새로운 패턴과 스타일을 만들어 내고 있거든. 물론 사람이 제공한 데이터나 알고리즘을 바탕으로 작업을 하지만 인공지능은 스스로 학습하고 발전하면서 이전과는 다른 새로운 예술 작품을 만들고 있잖아.

된 학습 데이터를 기반으로 다른 사람들의 작품을 편집하고
모방한 것에 불과하다는 의견이 팽팽히 맞서고 있습니다. 여
러분은 어떻게 생각하나요?

인공지능으로 만든 예술 작품은 사람이 제공한 데이터나 알고리즘을 기반으
로 만든 것이라 독창성이 없어. 기존에 있던 사람들의 작품을 모방하거나 조
합하는 것으로 그 자체만으로 창의성을 가졌다고 말하기 어려워. 다른 사람
들의 작품을 빠른 데이터 처리 능력으로 다시 만든 것에 불과하니까.

4 인공지능이 인권을 침해한다고요?

14. 인공지능이 인권과 사생활을 침해할 수 있다고요?

　인공지능이 사람의 생명을 구했다는 소식이 종종 있습니다. 혼자 사는 노인이 도와달라고 요청한 내용을 인공지능 스피커가 듣고 바로 119와 경찰에 신고한 덕분입니다. 실제로 우리나라뿐 아니라 세계 여러 나라에서 홀로 사는 노인들에게 대화형 인공지능 스피커는 평상시에는 말벗이 되고, 긴급 상황에서는 안전 도우미로 큰 역할을 하고 있습니다. 인공지능은 실종자를 찾거나 신분을 확인할 때도 널리 사용되고 있습니다. 사람의 얼굴을 인식하는 안면 인식 인공지능이 발전했기 때문입니다. 안면 인식 인공지능 덕분에 컴퓨터나 휴대폰에 얼굴로 로그인을 하거나 수많은 사람 사이에서 도움이 필요한 사람들을 찾아낼 수 있습니다.

　하지만 인공지능 서비스가 중요한 개인 정보나 자신만의 비밀 등 기본적 인권을 지켜 주지 않고 사생활을 침해하는 문제

가 종종 일어나고 있습니다. 기본적으로 인공지능은 많은 데이터와 개인 정보를 활용합니다. 데이터와 개인 정보는 인간의 기본적 인권이기 때문에 잘 보호되어야 합니다. 이에 민주주의 국가에서는 개인 정보 보호와 사생활을 엄격하게 지킬 것을 법으로 정해 두었습니다. 이로 인해 인공지능의 학습과 개발을

위해 개인 정보를 활용할 때는 미리 해당 개인에게 자세한 설명과 안내를 하고 동의를 구해야 합니다. 그런 이후에도 학습된 개인 정보가 외부에 유출되지 않도록 보안에 철저히 신경 써야 합니다. 서비스에서는 익명화, 비식별화 조치를 해서 결코 다른 사람들이 알아보지 못하게 해야 합니다.

그런데 이런 원칙이 잘 지켜지지 못하고 있습니다. 2021년 1월, 우리나라에서 있었던 인공지능 챗봇 '이루다' 사건이 대표적인 경우입니다. '이루다'는 등장 초기에 큰 기대를 받았습니다. 하지만 약 60만 명에 달하는 이용자의 내밀한 카카오톡 대화 문장 94억여 건을 제대로 된 보호 조치를 취하지 않고, 개발과 운영에 이용한 것으로 확인되면서 큰 문제가 되었습니다.

또한, 여성형 인공지능을 향한 일부 사용자의 성희롱, 인공지능의 차별·혐오 내용의 학습 등의 문제로 3주 만에 챗봇 '이루다'는 사용이 중지되었습니다. 개인정보보호위원회에서는 이와 같은 문제 등으로 이루다 개발사에 총 1억여 원의 과징금과 과태료를 부과하였습니다.

사실 이런 일들은 앞으로 더욱 많이 발생할 수 있습니다. 인공지능 시대가 본격화되면 가정이나 공공 장소, 가게, 거리 등

등 생활 공간 곳곳에 센서가 설치되어 인공지능 학습과 정보 분석이라는 목적하에 개인 정보를 실시간으로 수집하고 활용할 가능성이 높아질 것입니다. 이 과정에서 개인의 민감한 정보가 허락 없이 사용되면서 사생활과 자유를 침해받을 수 있습니다. 누군가 범죄에 이 정보들을 활용하면 큰 사회 문제가 될 수도 있습니다. 전 세계적으로 각 정부에서는 이에 대한 대비책을 마련하고 있습니다. 우리나라 정부에서도 「개인정보보호법」을 만들고, 이를 감독하기 위한 개인정보보호위원회를 설치했습니다.

이제 인공지능 제품과 서비스를 개발하는 기업과 개발자는 법률에 따라 개인들의 개인 정보를 지키고, 개인들도 인공지능 시대에 자신의 개인 정보를 스스로 보호하고 지키려는 노력을 해야 합니다. 인공지능의 편리함보다 인간의 기본적 인권이 더 중요하기 때문입니다.

15. 인공지능이 지구 환경을 위협한다고요?

인공지능에 대한 관심이 높아지고, 사람들의 사용이 많아지면서 새로운 문제가 생겼습니다. 인공지능의 급속한 발전으로 지구 환경이 위험해졌기 때문입니다. 사실 우리가 스마트폰이나 노트북 등을 사용할 때마다 온실가스가 배출됩니다. 한 번 검색할 때마다 이산화탄소가 0.2~7그램 정도 나옵니다. 이 양은 자동차로 약 15미터를 이동할 때 나오는 탄소 배출량과 같습니다. 단순 검색보다 최근 폭발적으로 늘어난 생성형 인공지능을 사용하면 매번 4~5배 이상 더 많은 데이터 사용이 일어나면서 탄소 배출량이 늘어난다고 합니다.

인공지능은 수많은 데이터를 학습하는 과정에서 컴퓨터 중앙 처리 장치가 계속 구동되기 때문에 전력 소비가 많이 발생합니다. 특히 딥러닝 기술 개발 과정에서 막대한 전력을 소모하고 이산화탄소를 배출합니다. 세계적인 반도체 장비 회사의

단순 검색보다 최근 폭발적으로 늘어난

생성형 인공지능을 사용하면 매번

4~5배 이상 더 많은 데이터 사용이

일어나면서 탄소 배출량이 늘어난다고

합니다.

조만간
세계 전력의
15퍼센트를
소비하게
된다는데….

괜찮을까?

데이터센터

회장인 게리 디커슨은 인공지능 기술 발전이 지구에 재앙이 될 수 있다고 경고했습니다. 현재 기술 수준으로 데이터센터를 계속 구축한다면 2025년까지 전 세계 전력의 15퍼센트를 데이터센터가 소비하게 된다는 것입니다.

인터넷을 사용하면 디지털 장비끼리 데이터를 주고받습니다. 데이터센터는 24시간 전원을 공급받으면서 데이터를 주고받고 인공지능이 작동할 수 있게 해 줍니다. 문제는 이 데이터센터의 전력 소모가 매우 많다는 점입니다. 수많은 컴퓨터 서버를 24시간 내내 가동하면서 전력을 소비할 뿐만 아니라 서버와 저장 장치에서 발생하는 열을 식히기 위한 냉각 장치를 돌릴 때도 막대한 전력을 사용합니다.

2020년 기준 구글의 데이터센터에서 사용하는 연간 전력 사용량은 미국 샌프란시스코시가 소비하는 전력의 두 배가 넘습니다. 국제에너지기구(IEA)의 발표에 따르면, 2021년 세계적으로 데이터센터에서 배출하는 온실가스 배출량은 전체 온실가스 배출량의 1퍼센트를 차지합니다. 1퍼센트라고 하면 작은 것 같지만 그렇지 않습니다. 우리나라 온실가스 배출량은 6억 7,960만 톤으로 세계 9위인데, 이것이 세계 전체 온실가스 배출량의 총 2퍼센트라는 점을 고려하면 1퍼센트 배출은 엄청난 양입니다.

무엇보다 최근 인공지능을 학습시키는 대규모 언어 모델의 경우 단어 숫자가 급격히 늘어나면서 인공지능 훈련에 들어가는 에너지 소비도 훨씬 늘어날 전망입니다. 생활 곳곳에서 인공지능의 사용이 많아지면 기본적으로 데이터를 저장해 두는 데이터센터도 늘려야 하고, 성능이 더 나은 슈퍼컴퓨터도 도입해야 합니다. 이로 인해 엄청난 에너지 소비와 온실가스 배출이 늘면서 지구 환경이 위협받는다는 경고가 많아지고 있습니다. 실제로 챗지피티에 이와 같은 문제에 대해 질문하면 이렇게 답한다고 합니다.

"저와 같은 대규모 언어 모델을 훈련하고 실행하는 데 필요한 에너지 소비가 증가함에 따라 인공지능에 대한 우려가 커지고 있다."

그러면서 해결책도 제시합니다.

"에너지 효율성 개선, 재생 가능 에너지원 사용, 클라우드 컴퓨팅, 모델 크기 줄이기, 배출 온실가스 상쇄 프로그램 활용 등으로 온실가스를 줄일 수 있다."

세계적인 기업들에서도 이 문제의 심각성을 느끼면서 친환경 데이터센터를 만들기 위해 다양한 노력을 하고 있습니다. 친환경 경영은 기업 차원에서도 중요합니다. 세계적으로 친환경적이지 않은 산업은 판매에 제한이 생기고 투자를 받기 힘들어졌습니다. 지구가 위협받는 상황을 막기 위해 세계가 함께 지혜를 모으고 또 세계 시민들의 주장이 현실로 반영되고 있기 때문입니다.

마이크로소프트에서는 데이터센터를 깊은 바다 속에 설치해 운영하는 시도를 하고 있습니다. 영국 스코틀랜드 오크니섬 해저 36.5미터에 864대의 서버와 냉각 시스템을 갖춘 데이터센터를 운영하는 것입니다. 이때 태양광과 풍력을 사용한 에너지만 사용하면서 친환경적인 데이터센터를 운영하는 실험을 이어 가고 있습니다. 데이터센터를 바다 속에 자리하게 한 것은 온도가 낮아 서버를 냉각시키는 전력량을 줄일 수 있기 때문입니다.

페이스북의 모회사인 메타에서는 2018년 9월 아일랜드의 바람이 많이 부는 자연환경을 활용해 100퍼센트 풍력 발전으로 운영되는 데이터센터를 만들었습니다. 노르웨이의 데이터센터는 동굴과 빙하의 침식 작용으로 만들어진 피오르드의 차가운 물, 그리고 수력 발전을 통해 친환경 운영을 하고 있습니다. 구글은 2030년까지 사용 전력의 100퍼센트를 재생 에너지로 대체하겠다는 선언을 했습니다. 재생 에너지 수급이 가능한 곳에 데이터센터를 설치하고 알래스카·스웨덴 등 추운 지역에 데이터센터를 건설해 냉방 효율을 높이는 것입니다.

우리나라 기업 네이버도 강원도 춘천에 데이터센터를 지었습니다. 춘천의 낮은 기온과 산에서 내려오는 차가운 바람으로 내부의 열을 식히도록 만든 것입니다. 또한 세계 데이터센터 최초로 친환경 건물로 최고 등급을 받았답니다. 이로 인해 춘천에 세운 데이터센터는 다른 센터보다 연간 70퍼센트의 에너지 비용을 줄일 수 있다고 합니다. 네이버에서는 두 번째 데이터센터를 세종시에 짓고 있습니다. 이 데이터센터는 춘천의 6배 크기로, 건물 기획 단계에서부터 에너지 효율성을 높이기 위한 계획을 촘촘히 세웠습니다. 지리적 환경을 이용해 자연 바람이 서버 열을 식힐 수 있도록 설계했고, 태양광 재생 에너지를 사용하고 빗물을 모아 냉각수나 소방수로 활용하는 등 환경을 고려해 데이터센터를 짓고 있습니다.

챗지피티 같은 생성형 인공지능은 편리함을 주지만, 동시에 온실가스 배출이라는 문제도 있습니다. 새로운 과학 기술로 인해 지구가 위협받는 상황이 아니라 지구와 인류가 공존할 수 있는 방법을 함께 찾아가는 노력이 필요합니다.

16. 인공지능이 잘못 작동할 때도 많고, 거짓말도 한다고요?

인공지능은 실수 없이 완벽할 것만 같습니다. 엄청난 데이터를 바탕으로 만들어진 정보로 어떤 질문이든 척척 대답을 해 주고 또 생활 속에서 다양한 도움을 주고 있습니다. 하지만 인공지능은 어이없는 실수를 할 때도 많고, 심지어 거짓말도 합니다.

최근 스포츠 경기 중계에서도 인공지능이 활용되고 있습니다. 바로 인공지능 카메라입니다. 축구 경기에서 인공지능 카메라는 빠르게 움직이는 공의 흐름을 놓치지 않고 중계합니다. 하지만 카메라가 잘못 작동하는 경우도 있습니다. 심판 머리만을 계속 촬영하는 것입니다. 알고 보니 심판이 머리카락이 없어서 인공지능 카메라가 공으로 착각한 것입니다.

미국 캘리포니아의 한 쇼핑센터에서는 사고 예방을 위해 수상한 움직임을 포착하는 감시 로봇을 운영하였습니다. 하지만

이 로봇이 16개월의 남자 아이를 위험물로 인식해 들이받으면서 아이가 다쳤습니다. 자율 주행으로 운전 중이던 자동차가 하얀색 긴 트럭의 옆면을 분간하지 못하고 그대로 충돌해 운전자가 목숨을 잃은 일도 있었습니다.

인공지능은 이처럼 잘못된 역할 수행을 하는 경우가 있습니다. 카메라와 센서로 동작하는 인공지능 시스템이 비정상적인 소음, 갑작스러운 환경 변화 등을 감지하지 못하면서 사고를 일으킨 것입니다. 인공지능 개발 및 활용 과정에서 중요한 것은 안전을 보장하는 것입니다. 새로운 기술로 인해 오히려 목숨을 잃거나 다치는 일이 일어나서는 안 되기 때문입니다. 인공지능이 예상하지 못한 데이터가 들어왔을 때 어떻게 반응할지 예측하기 어렵습니다. 이로 인해 인공지능을 무조건 믿고 운영하는 것은 위험할 수 있습니다. 최근에는 인공지능 활용 과정에서 문제가 생길 경우, 사용자가 그 작동을 멈출 수 있게 하는 기능을 갖춰야 한다는 사회적 요구가 늘어나고 있습니다.

최근 전 세계적으로 큰 인기를 얻고 있는 생성형 인공지능도 다시 살펴볼 필요가 있어요. 생성형 인공지능은 사람들 질문에 바로 답변을 해 줍니다. 덕분에 누구나 쉽게 다양한 정보와 지식을 얻고 이용할 수 있게 되었습니다. 하지만 생성형 인공지능의 답변 중에는 잘못된 정보와 심지어 거짓말도 적지 않다는 점을 명심할 필요가 있습니다.

생성형 인공지능은 수많은 데이터를 기반으로 답변을 만드는 과정에서 감쪽같은 거짓말을 합니다. 예를 들면, 영조의 아들 사도세자를 세종대왕의 손자라고 표현하는 등 있지도 않은 사실을 스스럼없이 답합니다. 인공지능이 거짓말을 하는 이유는 여러 가지가 있습니다. 인공지능이 학습한 데이터에 오류나 편견이 있을 수 있습니다. 인공지능이 확률적으로 가장 적절한 답변을 선택하는 과정에서 논리적 오류나 모순이 발생할 수도 있습니다. 인공지능에 자율성을 높게 설정하면 다양한 질문에 유연하게 대처할 수 있지만, 그럴듯해 보이지만 사실과 맞지 않는 답변을 내놓을 때도 있는 것입니다.

인공지능의 거짓말은 잘못된 정보를 통해 사회에 큰 영향을 줄 수 있습니다. 인공지능의 답변만을 믿고 일을 하다가는 잘못된 판단을 하고 심지어 큰 위험에 빠질 수도 있습니다. 실제로 미국의 한 변호사가 법률 자료를 찾아 달라고 챗지피티에게 요청하여 판결 사례를 6개 이상 받았습니다. 변호사는 자료를 확인하기 위해 실제 사건이었냐는 질문을 하였고, 챗지피티는 실제 사건이라고 답했습니다. 판결 사례들이 가짜는 아니냐는 추가 질문에도 사건들이 진짜이고 믿을 만한 법률 데이터베이스에서 찾을 수 있다고 답했습니다. 이에 변호사는 이 판결 사례를 법원에 제시했는데 판사와 상대편 변호사는 판결 사례를 찾을 수 없었습니다. 알고 보니 챗지피티가 가짜 자료를 제공한 것이었습니다. 챗지피티를 사용한 변호사는 위조된 가짜 사법부 결정과 인용문을 제시한 문제로 징계를 받을 처지에 놓였습니다.

이처럼 인공지능이 만든 결과를 무조건 믿거나 따를 경우에는 문제가 생길 수 있습니다. 인공지능이 답변한 내용들을 실제로 사용하기 전에 비판적으로 분석하고 확인할 필요가 있습니다. 인터넷이나 유튜브 등에 올라온 정보 중에는 사실과 다른 것이 많아 비판적으로 보아야 하는 것처럼, 인공지능이 제공하는 정보 역시 출처나 근거를 파악하고, 다른 자료와 비교하고, 전문가의 의견을 직접 찾아보는 것이 좋습니다.

인공지능이 거짓말을 하지 않도록 기술을 보완하고 인공지능의 사용과 관련해 법적인 규제나 원칙을 마련하고 지키는 것

도 필요합니다. 인공지능의 거짓말은 인간의 삶에 큰 영향을 미치는 중요한 문제입니다. 인공지능이 완벽하지 않다는 점을 명심해서 이를 비판적으로 이용하고 사회적으로 안전하게 사용할 수 있는 원칙과 기준을 만들어 가면 좋겠습니다.

17. 인공지능이 민주주의를 위협한다고요?

인공지능은 사람이 아니라 편견 없이 대상을 관찰하고 공평하게 작동할 것 같습니다. 하지만 인공지능 역시 잘못된 판단을 하는 경우가 많습니다. 인공지능이 체온계로 아이의 온도를 측정하는 장면을 흑인이 측정할 때는 체온계를 총으로 인식하고, 백인이 측정할 때는 체온계로 판별했습니다. 도대체 왜 그런 것일까요?

사실 이 같은 일은 인공지능이 현실 세계에서 이루어지고 있는 편견마저 학습하고 있기 때문입니다. 미국 매사추세츠 공과대학(MIT) 미디어랩 연구소에서는 얼굴 인식 인공지능이 피부색이 어두워질수록 오차율이 높다고 밝혔습니다. 연구팀은 인공지능에 사용하는 데이터가 백인과 남성을 중심으로 구성돼 있어서 이와 같은 현상이 일어난다고 했습니다. 이에 현실 세계의 편견과 차별이 인공지능에까지 영향을 미치지 않도록 경계해야 한다고 강조했습니다.

실제로 미국 경찰은 인공지능 안면 인식 기술을 이용하여 범죄자를 빠르게 체포하고 있습니다. 하지만 이 과정에서 죄가 없는 시민이 범죄자로 잘못 지목되면서 체포되고 구금되는 사건들이 발생했습니다. 각 사건에서 범인으로 지목된 사람은 모두 흑인으로, CCTV 카메라에 잡힌 그들의 모습이 절도범의 모습과 유사하다는 인공지능의 판단에 따라 그들은 적게는 30시간, 많게는 10일간 교도소에 갇혔습니다.

민주주의 사회에서 이 같은 일이 일어나서는 안 되겠지요. 하지만 이미 인공지능 기술은 여론을 움직이고 선거 결과에도 큰 영향을 주고 있답니다. 2016년 마이크로소프트사에서 만든 인공지능 '테이'는 큰 기대를 받았지만 나온 지 16일 만에 서비스를 중단했습니다.

인공지능 '테이'가 이용자에게 학습된 혐오 발언과 차별 발언을 많이 했기 때문입니다. '테이'는 백인만 우월하다는 인종 차별주의를 지지하고 심지어 제2차 세계 대전 당시 나치가 수많은 사람들을 학살한 역사적 사실도 부정하면서 잘못된 내용을 되풀이해서 이야기했습니다. 이 과정에서 트럼프 후보의 선거 공약인 미국-멕시코 국경 장벽 발언만을 계속 강조하면서

여론을 만들려고 했습니다. 이런 상황이 일어나자 '테이'를 만든 회사에서는 인공지능이 사회와 문화에 끼치는 영향을 고려하면서 개발을 다시 하겠다고 사과하고 '테이' 서비스를 중단했습니다.

기술의 발전으로 함께 고민해 보아야 할 문제가 많아졌습니다. 2022년 3월, 미국 공화당의 유력한 대선 주자인 도널드 트럼프 전 대통령이 뉴욕 맨해튼에서 체포돼 경찰에게 연행되는 사진들이 사회관계망서비스(SNS)인 트위터 등에 전해지면서 큰 화제가 되었습니다. 그런데 이 사진들은 모두 인공지능으로 만든 가짜였습니다.

사실 이런 일들은 여론과 선거 결과에도 영향을 줄 수 있는 심각한 범죄입니다. 인공지능 기술을 악용하면 자칫 민주주의의 기본이 되는 선거와 여론을 뒤흔들 수 있는 상황이 된 것입니다. 이에 미국뿐만 아니라 전 세계가 인공지능을 제대로 사용하도록 법과 원칙을 만들려고 노력하고 있답니다. 유럽연합(EU)에서는 몇 년 전부터 논의돼 온 '인공지능법' 초안이 2023년 5월, 유럽의회 상임위원회를 통과해서 본회의에서 실제 법으로 만들어질 예정입니다. 인공지능을 개발하고 활용하기에 앞서 개인과 사회에 주는 영향을 고려하면서 윤리적인 문제도 함께 생각해 보면 좋겠습니다.

18. 인공지능은 내가 좋아하는 것을 어떻게 아는 것일까요?

스마트폰이나 인터넷 등에서 검색을 하고 나면 광고가 뒤따라오는 경우가 있습니다. 이를테면 캠핑을 검색하면 이후 신기하게도 캠핑 용품과 관련된 각종 광고 창이 계속 나올 때가 있습니다. 사실 이는 기업들이 맞춤 광고를 하기 때문입니다. 인터넷 쇼핑이 많아지면서 이런 기술들이 활발하게 적용되고 있습니다. 바로 '알고리즘'을 통한 개인 맞춤형 정보 시스템 덕분입니다.

알고리즘은 원래 어떤 문제를 해결하기 위한 절차, 방법 등을 뜻하는 말로, 사용자들에게 맞춤형 정보를 제공하는 기술입니다. 대표적으로 알고리즘 기술을 많이 접하는 곳은 유튜브입니다. 내가 살펴본 영상들을 바탕으로 좋아할 만한 다른 영상을 추천해 주는 것이지요.

알고리즘 기술이 작동하는 원리는 기본적으로 사용자가 검색한 정보나 시청한 영상과 같은 데이터를 수집합니다. 그리고 수집한 데이터를 분석해서 비슷한 소비 형태를 보이는 사용자들이 함께 클릭한 제품을 제공합니다. 이때 데이터 수집은 주로 운영되는 사이트에 처음 회원으로 가입할 때 무심코 우리가 동의했던 '정보 수집 동의'에 의해 이뤄집니다.

사실 이렇게 맞춤형으로 데이터를 수집하고 운영하는 것을 무조건 좋다고만 할 수 없습니다. 바로 개인 정보가 보호되지 않고 잘못 이용될 수 있기 때문입니다. 대부분의 경우 회원 가입을 할 때 동의 절차를 밟지만, 정작 수집된 데이터가 어디까지 활용되는지는 잘 알려 주지 않습니다. 또 글씨가 너무 빼곡하게 많고 복잡해서 알아보기 힘든 것이 현실입니다.

많은 경우 회원 가입 과정에서 개인의 선택에 따라 광고 등은 받지 않을 수 있다는 선택 사항이 있다는 점을 놓치는 경우가 많습니다. 회원 가입 과정에서 '모두 동의' 등의 버튼이 눈에 잘 들어오는 데 비해, 선택 사항으로 '동의하지 않음'이 있다는 점은 작게 표시되어 있기 때문입니다. 개인에게 선택권을 주어 필요한 정보만 수집하는 것이 필요합니다.

대표적으로 알고리즘 기술을 많이
접하는 곳은 유튜브입니다. 내가
살펴본 영상들을 바탕으로 좋아할 만한
다른 영상을 추천해 주는 것이지요.

19. 필터 버블이 무엇인가요?

유튜브, 페이스북, 왓챠 같은 인터넷 서비스를 사용할 때, 같은 검색어를 입력해도 이용하는 사람에 따라 다른 결과가 나오곤 합니다. 사용하는 사람들이 무엇을 검색해 왔고 어떤 것을 자주 클릭했는지 같은 여러 정보를 인공지능이 분석해서 그 사람이 좋아할 만한 정보들을 더 많이 보여 주고, 그 사람이 싫어할 만한 정보는 가리거나 덜 보여 주기 때문입니다. 이런 서비스를 이용하면 사람들은 자신이 원하는 정보를 더 빠르게 얻을 수 있어서 좋고, 그 서비스를 더 자주, 더 오래 이용하게 될 확률이 높습니다. 사람들이 더 많이 이용하면 인터넷 업체들에게도 좋은 일이기 때문에 많은 인터넷 기업에서 이런 방식을 사용하고 있어요.

하지만 이렇게 사람들이 좋아하는 정보만 보게 되고 싫어하는 정보는 보지 못하는 것은 위험할 수 있습니다. 마치 좋아하는 음식만 편식하면 건강을 해치는 것과 같죠. 이런 현상을 '필

터 버블'이라고 합니다. 사람들이 자신이 좋아하는 정보에만 둘러싸인 현상이 마치 비눗방울에 갇혀 있는 것과 비슷해서 붙여진 이름이에요.

필터 버블 현상은 사람들이 한쪽 입장으로 치우친 생각을 갖게 할 가능성이 있어요. 사람들은 누구나 자신의 생각이 옳다는 것을 확인받는 걸 좋아하기 때문에, 자신의 생각과 비슷한 글이나 영상을 자주 보려고 합니다. 인공지능은 그 사람의 생각과 반대되는 입장을 가진 정보를 더욱 덜 추천하게 되죠. 그렇게 되면 정보를 균형 있게 받아들이지 못해 점점 더 한쪽으로 치우친 생각을 갖기 쉬워집니다.

이처럼 필터 버블 현상은 나와 생각이 다른 정보를 접할 기회를 막음으로써 사람들의 생각이 한쪽으로 치우치게 만듭니다. 계속 같은 사람들과만 교류하다 보니 카카오톡 등의 SNS를 해도 매번 비슷한 정보만을 접하게 되지요. 이로 인해 같은 사회에 살고 있는데도 고립된 섬처럼 지내게 됩니다. 또 가짜뉴스도 더 많이 퍼지게 되는 부작용이 있습니다. 필터 버블 현상은 개인에게 고정관념, 편견만 만드는 것이 아니라 사회 전체에 나쁜 영향을 끼칠 수 있습니다. 사회에 어떤 문제가 발생했을 때 서로 함께 모여 대화와 타협으로 해결하는 것이 아니라 적대적으로 대립하면서 싸우려고만 하기 때문이에요.

지구 생태계가 다양성 속에서 조화를 이루며 살아가듯 인터넷과 인공지능을 활용할 때도 필터 버블에 갇히지 말고 서로 생각이 다른 사람들의 의견을 함께 살펴보는 것이 필요합니다. 익숙하고 편하게 주어진 정보만이 아니라 능동적으로 새로운 정보를 살피면서 생각을 키워 나가야 합니다. 그것이 인공지능을 현명하게 이용하는 방법이에요.

1 인공지능으로 사람들의 사회 신용을 기록해서 평가해도 될까?

중국에서는 금융 정보나 법을 지킨 정보 등의 데이터를 이용해서 사람들의 사회 신용을 기록하고, 그에 따라 개인과 기업에 보상과 벌칙을 주는 제도를 운영하고 있습니다. 예를 들면 비행기나 고속철도 승차권을 구입하거나 여행을 할 때 숙박 시설이나 음식점 이용을 사회 신용에 따라 차등적으로 이용

이런 시스템은 사람들을 바르게 살도록 도와줘서 찬성해. 좋은 일을 하면 점수가 올라가고, 나쁜 일을 하면 벌점을 받아 점수가 낮아지면 자연스럽게 사람들이 높은 점수를 받으려고 노력할 수 있잖아. 점수가 높을 때 혜택도 있으니까 사람들이 더 열심히 좋은 일을 하기 때문에 살기 좋은 사회를 만들 수 있어.

하게 하는 것입니다. 이런 시스템은 안면 인식 인공지능을 통해 현실로 이뤄질 수 있게 되었답니다. 이에 대해 찬성과 반대 의견이 있습니다. 여러분은 어떻게 생각하나요?

이런 시스템은 사람들을 마음대로 감시하면서 자유를 빼앗을 수 있어서 반대해. 언제 어디서든 감시를 받는다고 생각하면 무서울 것 같아. 매번 점수를 받으면서 생활하면 하루하루가 꼭 시험을 보는 것처럼 되잖아. 그러면 사람들이 서로 믿을 수 없고 불안하게 지내야 해서 이런 시스템이 오히려 사회를 더 나쁘게 만들 수 있어.

2 개인 맞춤형 정보 시스템은 소비자와 판매자 모두에게 이익일까?

'알고리즘'을 통한 개인 맞춤형 정보 시스템에 대해서 효율적인 광고로 소비자와 판매자가 모두 이익이라는 의견도 있지만, 개인 정보 이용에 대한 걱정도 있습니다. 이에 대한 친구

필요한 제품을 제때 광고해 주는 것은 많은 도움이 되는 것 같아. 광고 덕분에 제품을 찾아보는 시간을 아낄 수 있고, 또 좋은 상품과 만날 수 있어 좋아. 그리고 광고를 위해 개인 정보를 수집할 경우, 사이트 가입을 할 때 미리 동의를 구하기 때문에 괜찮아.

들의 이야기를 살펴보면서 여러분은 과연 어떤지 생각해 볼
까요?

검색할 때마다 광고가 따라붙는 것은 좋지 않은 것 같아. 누군가 나를 감시하
고 또 광고를 위해 이렇게 하는 것이 불편해. 내 정보를 훤히 들여다보는 것
같아서 나는 이런 광고를 반대해. 사이트에 가입할 때 동의를 했다고 하지만
사실 제대로 확인하는 경우가 드물잖아.

5 인공지능에게도 세금을 물려야 한다고요?

20. 인공지능 때문에 직업이 새롭게 변하고 있다고요?

1800년대 영국에서는 기계를 부수는 일들이 곳곳에서 일어 났습니다. 산업혁명으로 새롭게 만들어진 기계가 자신들의 일 자리를 없앨 것이라 위협을 느껴 기계를 고장 내거나 부수고 심지어 공장까지 불태웠습니다. 이는 단순히 변화하는 기술을 따라가지 못한 사람들의 행동이 아니었습니다. 발전한 기술로 만든 방직 기계를 이용하면서 오히려 임금이 적은 어린이들에 게 12시간 넘게 일을 시켰던 당시 공장주들에 대한 저항이기 도 했기 때문입니다.

사실 우리는 지금 인공지능의 눈부신 발달로 증기기관이 발 명되고 기계가 도입된 200여 년 전 산업혁명 때처럼 큰 사회 변 화와 마주하고 있습니다. 인공지능으로 인해 기존의 직업들이 대거 사라질 것이라는 전망이 많이 나오고 있습니다.

그런데 이런 변화는 인류 역사에서 많았습니다. 전화 교환

원, 버스 안내원, 물장수 같은 직업은 지금은 사라졌습니다. 자동 시스템과 사회 변화에 따라 직업도 달라지기 때문입니다. 대신 빅데이터 전문가, 유튜버, 반려동물 관리사 등 새로운 직업이 생겨났습니다. 그렇다면 과연 인공지능이 발전하면 직업과 일자리는 어떤 변화가 있을까요?

미래의 직업과 일자리에 대해서는 걱정과 함께 기대 섞인 전망도 있습니다. 당장 생활 속에서 자동 결제기나 키오스크 등을 보면 오랫동안 사람들이 해 온 직업이 사라진다는 걱정이 들어요. 자율 주행 자동차가 본격적으로 운행되면 버스 기사나 택시 기사 같은 직업은 사라질 거라고 하는 사람도 있습니다. 제조, 운송, 저장, 행정 운영 등의 일자리도 줄어들 것으로 예상됩니다.

하지만 산업혁명 당시에도 기술이 발전하면서 사라진 직업이 있었지만, 또 새롭게 생긴 직업도 많았습니다. 인공지능이 빠르게 발전하면서 새로운 일자리가 생겨날 수 있습니다. 새롭게 일자리가 늘어날 분야로 보건, 과학, 기술, 돌봄 서비스 등이 손꼽힙니다. 사람들이 직접 만나 함께 공감하면서 마음을 나눌 수 있는 분야와 첨단 과학 기술을 이용하는 분야에 이전과는 다른 새로운 일자리가 많아질 것입니다.

이때 정말 중요한 것이 있습니다. 산업혁명 당시 증기기관차와 기계가 새롭게 도입될 때 많은 사람들이 반대했던 것은 단순히 일자리를 잃어서만은 아니었습니다. 새로운 변화 과정에서 기계를 갖거나 권력을 가진 소수의 사람들이 오로지 이익만을 생각하고 어린이에게 노동을 시키는 등 많은 사람들의 기본적인 인권을 외면하고 삶의 터전을 뒤흔들었기 때문입니다.

사실 인공지능은 그 자체만으로 좋고 나쁜 것이 아닙니다. 어떤 목적과 방향으로 인공지능을 사용하느냐에 따라 결과가 달라집니다. 기술의 발전으로 분명 직업과 일의 형태는 달라질 것입니다. 그런데 이때 세계적인 기업과 몇몇 최고 부자만이 아니라 더불어 사는 사람들을 중심에 두고 인공지능을 이용한다면 사람들은 보다 안전해지고 삶의 질은 더 좋아질 것입니다. 사람들의 삶을 보다 풍요롭게 하고 더불어 행복한 세상을 만들어 갈 수 있도록 인공지능의 발전이 이루어지면 좋겠습니다.

21. 인공지능에게도 세금을 물려야 한다고요?

인공지능도 세금을 내야 한다는 목소리가 전 세계적으로 나오고 있습니다. 사람들은 돈을 벌면 그에 맞게 소득세와 건강 보험료 등의 세금을 냅니다. 그런데 사람이 아닌 인공지능에게도 이 세금을 걷자고 주장한 것입니다. 이 주장은 유럽 의회가 검토를 시작하면서 알려지고, 또 세계 최고 부자 중 한 사람인 빌 게이츠가 주장하면서 많은 사람들이 관심을 갖게 되었습니다. 이에 대해서는 아직 찬성과 반대 의견이 팽팽하게 맞서고 있습니다.

인공지능은 빠르게 발전해 생활 속에서 널리 사용하고 있습니다. 이로 인해 사람들의 직업과 일자리가 위협받는 상황입니다. 물론 새로운 직업이 생길 수도 있지만 당장 일자리를 잃은 사람들의 생활을 보호하기 위해 일자리를 대체한 로봇 보유자에게 세금을 부과하는 로봇세(robot tax)를 도입하자는 의견이

나온 것입니다. 실제로 이 로봇세로 거둔 돈을 직장을 잃은 사람들의 재교육 지원과 형편이 어려운 취약 계층 보호에 활용하면 인공지능의 발전으로 생긴 문제점을 보완해 나갈 수 있을 것입니다.

로봇세를 매기기 위해 유럽 의회에서는 법률적으로 인공지능으로 만들어진 로봇에 전자 인격을 부여했어요. 이것은 사람이 어떤 권리를 갖는 것과는 다릅니다. 사실 이것은 로봇을 사람처럼 계산해서 세금을 걷기 위한 것이거든요. 로봇이 만들어지면 그만큼 사람 대신 노동을 하게 되지요. 그러면 사람은 직업을 잃거나 불안정적인 직업을 가지게 돼서 생활이 어려워집니다. 이와 같은 일에 대비하기 위해 로봇을 쓰려는 기업은 로봇세를 내게 하자는 것입니다. 이는 인공지능과 사람이 함께 공존하기 위한 제안입니다. 로봇이 사람 대신 어떤 일을 대신할 때 이로 인해 일자리를 잃은 사람들이 살아갈 수 있는 기본소득을 보장하자는 것입니다.

하지만 로봇세에 반대하는 의견도 많습니다. 우선 세금을 내야 하는 로봇을 결정하기가 어렵다는 문제가 있습니다. 이미 전 세계적으로 많은 공장에서 로봇을 도입해서 제품을 만들고 있는데 그 기준을 어떻게 정할 것인가 하는 점입니다. 또 로봇에 높은 세금을 부과하면 기술 개발에 대한 투자가 위축될 수 있고 그러면 새로운 혁신을 만들 수 없다는 비판도 있습니다. 당연히 경제 발전에도 도움이 되지 않을 거라는 입장입니다.

인공지능의 눈부신 발전으로 새로운 변화가 우리 생활과 지구촌 곳곳에서 일어나고 있습니다. 이런 상황에서 직업을 잃은 사람들이 새로운 시대에 적응할 수 있도록 도움을 주기 위해 로봇세를 도입하자는 주장과 로봇세 도입이 오히려 기술 발전과 기업 투자를 가로막아서 경제 발전에 도움이 되지 않는다는 주장이 맞서고 있습니다. 여러분은 로봇세에 대해 어떻게 생각하나요?

22. 인공지능이 만든 글과 그림에는 저작권이 있나요?

　글과 그림을 직접 쓰거나 그리지 않아도 뚝딱 나오는 세상이 되었습니다. 생성형 인공지능에 '그림을 그려 줘'라고 부탁하면 바로 그림이 나옵니다. 강아지가 함께 있는 장면을 그림으로 주문하면 '짠!' 하고 작품이 나타납니다.

　소원을 빌면 그 소원을 들어주는 알라딘 램프 같지요. 이렇게 해서 다양한 작품과 심지어 소설과 영화 시나리오도 인공지능을 통해 쉽게 만들 수 있는 시대가 되었습니다. 인공지능의 눈부신 발전으로 피카소, 고흐 등의 그림 화풍 그대로 얼마든지 그려 낼 수 있게 되었습니다. 그렇다면 인공지능이 그린 그림이나 쓴 글의 주인은 누구일까요?

　일반적으로 그림이나 글에는 저작권이 있습니다. 그런데 인공지능은 저작권을 가질 수 없습니다. 현재 저작권법에서는 사람의 창작물만 저작권을 인정하기 때문입니다. 실제로 2023년

미국에서는 인공지능 알고리즘으로 만든 사진에 대해 사람이 아닌 인공지능이 사진의 저작권을 갖게 해 달라고 신청한 사례가 있습니다. 하지만 미국 법원에서는 인간이 만든 것이 아니기에 인공지능은 저작권을 가질 수 없다고 판결했습니다.

인공지능이 저작권을 가지는 것과 관련해 또 다른 문제가 있습니다. 인공지능은 수많은 사람들이 그린 그림을 보면서 학습을 해서 완성도 높은 작품을 그릴 수 있게 되었거든요. 그런데 인공지능이 학습에 사용한 작품들은 사실 저작권이 있는 누군가의 소중한 창작품입니다. 이에 대해서는 정당한 저작권료를 지불하지 않은 상태에서 인공지능이 자신의 작품에 저작권을 인정해 달라는 것은 모순적이기 때문입니다. 실제로 이런 경우 자신의 모든 것을 쏟아부으며 예술 활동을 한 작가들은 노력에 따른 대가도 받지 못하고 인공지능에 떠밀려 작품 활동을 하지 못하는 일들이 생길 수 있습니다. 엄청난 데이터 학습을 시켜 주었지만 대가는커녕 오히려 자신의 일을 잃는 상황을 맞이하게 된 것이죠.

사실 인공지능이 데이터를 학습하는 과정에서 인공지능을 운영, 개발하는 거대 기업들은 개인 SNS나 블로그, 사진 등의 창작물을 허락 없이 활용하는 경우가 많습니다. 인공지능의 저작권을 주장하지만 정작 인공지능이 만들어 내는 창작물은 다른 사람들의 저작권을 침해한 결과물인 경우가 적지 않은 거죠.

이제는 인공지능이 학습하는 과정에서 허락 없이 함부로 사람들의 창작물과 정보를 사용하지 않도록 하는 것을 논의할 때가 되었습니다. 남의 창작물을 몰래 사용하는 것은 바람직한 일이 아니니까요.

앞으로 인공지능이 만들어 낼 예술 작품과 창작물은 더 많아질 것입니다. 예술가와 창작자가 인공지능에 떠밀려 사라지는 것이 아니라 함께 새로운 예술 작품과 창작물을 만들고, 보통 사람들도 예술 작품을 널리 나누며 더불어 창작 활동에 참여하면서 문화생활을 누릴 수 있으면 좋겠습니다.

23. 인공지능을 사람으로 인정할 수 있을까요?

"인공지능이 우리 지역의 대표가 될 수도 있습니다."

"인공지능이 스스로 독자적 결정을 내릴 수 있으면 충분히 국회 의원 후보로 나올 수도 있습니다."

상상의 이야기 같지만, 이 이야기는 실제 2021년 우리나라 과학기술정보통신부가 '인공지능을 법적으로 어디까지 인정해야 하는가?'라는 주제로 개최한 회의에서 발표된 이야기입니다.

일본에서는 로봇 강아지 아이보(AIBO)의 합동 장례식이 열리기도 했습니다. 미국의 로봇 회사 보스턴 다이내믹스(Boston Dynamics)에서는 자신들이 만든 로봇이 강하게 잘 만들어졌다는 것을 강조하기 위해 발로 차도 끄떡없는 동영상을 홍보했습니다. 하지만 이에 대해 많은 사람들이 '로봇 개를 발로 차는 것은 잔인한 행위'라고 항의하면서 사회적 논란이 일었습니다. 이처럼 인공지능과 로봇도 사람처럼 인정하고 존중해야 한다는 의견이 전 세계적으로 많아지고 있습니다.

우리나라에서도 가상 인간으로 개발한 '로지'는 억대의 광고료를 받고, 수백 곳이 넘는 곳에서 협찬을 받는 등 실제 사람처럼 모델로 활동합니다. SNS 등 사회관계망을 통해 사람들과 소식을 주고받기도 합니다. 그런데 '로지'의 광고료는 누구에게 주어야 할까요? 광고 계약은 누구랑 해야 하는 것일까요? SNS 등에서 로지에게 욕설을 하거나 잘못된 정보로 로지의 명예를 훼손하면 어떻게 해야 할까요?

인공지능이 급속도로 발전하면서 이런 문제들에 대해 이제는 진지하게 논의하고 함께 지혜를 모아 나가야 할 때가 되었습니다. 현행법상으로 가상 인간 로지는 단순히 인간의 도구에 불과하고, 법적으로 사람으로 인정할 수 없어서, 광고 수익 등 관련 계약은 개발자나 운영자가 맺고 수익을 가지게 됩니다.

이에 인공지능이 사람처럼 감정을 주고받으며 똑같이 경제 활동을 하기 때문에 인공지능에게도 사람과 같은 법적 자격을 주자는 의견이 나온 것입니다. 특히, 사람의 모습을 한 인공지능 로봇을 보면서 인공지능도 법적 자격이 필요하다는 주장이

미래 세대를 위한 인공지능 이야기

많아지고 있습니다. 실제로 인공지능에게 사람과 같은 법적 자격을 주면 로지도 경제 활동뿐 아니라 투표에 참여하고 지역의 대표로 입후보할 수도 있답니다.

하지만 인공지능에게 법적 자격을 주는 것은 생각해 볼 점이 많습니다. 사람처럼 법적 자격을 가지면 스스로 재산을 관리하고, 누군가에서 피해를 주면 보상하는 등 책임을 저야 합니다. 하지만 이럴 경우 인공지능을 만든 기업은 인공지능이 일으킨 문제에 대해 책임을 지지 않게 됩니다. 즉, 인공지능에 대한 책임을 다하지 않고 피하는 수단으로 법을 나쁘게 이용하는 부작용이 생길 수 있는 거지요.

무엇보다 로봇이나 인공지능은 사람처럼 병에 잘 걸리지 않고 계속 살아가면서 특별한 능력으로 인간보다 뛰어난 역할을 할 수 있습니다. 영화처럼 인공지능이 사람을 지배하는 상황이 생길 수도 있는 것입니다. 이런 문제들로 인해 현재 인공지능에게 사람과 같은 법적 자격을 주지 못하고 있답니다.

토론 주제 1 인공지능이 사고를 낸 경우, 누가 책임을 져야 할까?

인공지능이 발전하면서 의료 현장에서는 인공지능 진료 시스템을 이용해서 환자를 진단하고 치료하기 시작했습니다. 하지만 인공지능 시스템의 판단으로 환자를 치료하다가 예상치 못한 의료 사고가 나는 경우도 있습니다. 이런 문제가

인공지능은 인간보다 더 많은 정보를 처리하고 분석할 수 있는 능력이 있어. 인공지능은 빅데이터와 고도로 학습을 하여 만들어진 것이므로 문제가 생겼다면 인공지능이 책임져야 한다고 생각해. 따라서 인공지능을 개발해서 의료 시스템으로 만들고 운영한 기업이 책임질 필요가 있어.

생겼을 때, 인공지능 시스템을 활용한 의사의 책임인지, 인공지능 시스템의 책임인지 의견이 분분합니다. 과연 이런 경우 누구의 책임일까요?

인공지능은 진료의 도구일 뿐이고, 최종적인 의사 결정은 의사가 하는 것이 맞다고 생각해. 의사는 인공지능의 판단을 검증하고, 환자의 상태와 여러 상황을 고려하여 최선의 치료 방법을 선택할 필요가 있어. 무조건 인공지능의 판단을 따르는 것은 문제가 있어서 의사가 책임져야 한다고 생각해.

2 개인의 '잊혀질 권리'와 국민의 '알 권리' 중 무엇이 더 중요할까?

인스타그램이나 인터넷 게시판 등에 올린 정보가 문제가 될 때가 있습니다. 이에 자신의 정보가 더 이상 필요하지 않거나 원하지 않을 때 이를 삭제하거나 검색 차단을 요구하는 '잊혀질 권리'가 주목받곤 합니다. 하지만 이 권리는 개인의 사생

잊혀질 권리는 개인의 정보 보호와 사생활 침해 방지를 위해 필요하다고 생각해. 인터넷 등에 예전에 우스꽝스럽게 찍은 사진이나 무심코 한 실수 등이 영원히 남아 있을 수 있어. 과거에 저지른 실수들이 이렇게 지워지지 않고 계속 남아서 현재뿐만 아니라 미래에까지 안 좋은 영향을 끼치는 것은 문제가 있다고 생각해.

활을 보호할 수는 있으나, 국민의 '알 권리'에 영향을 줄 수 있다며 찬성과 반대 의견이 분분합니다. 잊혀질 권리 도입에 대해서 어떻게 생각하시나요?

잊혀질 권리도 중요하지만 과거의 기록이 필요한 경우도 있어. 대통령이나 국회의원처럼 공직에서 중요한 일을 한 사람이 잊혀질 권리를 활용해서 과거를 숨기면 제대로 그 사람을 검증할 수가 없기 때문이야. 잊혀질 권리 때문에 국민의 알 권리가 보장되지 못하는 것은 문제가 있어. 또한 범죄자 등이 잊혀질 권리를 나쁘게 이용할 수도 있어서 잊혀질 권리는 신중하게 도입해야 된다고 생각해.

6 인공지능 시대, 우리는 무엇을 준비해야 할까요?

24. 인공지능을 잘 이용하기 위해서 어떤 원칙이 필요한가요?

"우리 회사는 운전자의 안전을 최우선으로 생각해서 제품을 만들 것입니다."

최근 자율 주행차의 미래를 묻는 기자의 질문에 유명한 독일의 한 자동차 회사의 안전 시스템 담당자는 자신 있게 위와 같이 이야기했습니다. 이렇게 인터뷰를 하고 나서 안전 시스템 담당자와 이 회사는 큰 비판을 받았습니다. 왜 사람들은 자동차 회사의 발표 내용을 비판하고, 발표를 한 담당자와 자동차 회사는 이 발언에 대해 사과를 했을까요?

사실 자율 주행차가 아니라면 이 발언은 크게 문제가 되지 않을 수 있습니다. 하지만 자율 주행차가 현실로 이뤄졌고, 앞으로 더 많아질 상황에서 이 발언은 문제가 있습니다. 자율 주행차가 운전 중 갑자기 문제가 생겨 멈춰 서야 하는 상황이 발

생해서 운전자와 보행자 중 어느 한쪽의 안전만 선택해야 한다
면 인공지능은 과연 어떻게 해야 하는지의 문제와 관계있기 때
문입니다.

긴급 상황이 발생했을 때 보행자를 살리기 위해서는 자동차
가 위험해져 운전자가 목숨을 잃을 수 있고, 운전자를 살리기
위해서는 보행자가 위험해지는 두 가지 선택밖에 없다면 그 판

단을 내리기가 참 어렵습니다. 바로 이렇게 하기도 어렵고, 저렇게 하기도 어려운 선택의 상황 앞에서 판단을 내릴 때 인공지능은 과연 어떤 선택을 해야 할까요?

사실 이 판단은 인공지능 개발자가 기술적으로 정할 수 있는 것이 아닙니다. 자율 주행차의 인공지능 개발자는 프로그램 기술을 훤히 알아서 자율 주행차를 잘 작동시킬 수는 있습니다. 하지만 진짜 중요한 것은 자율 주행차를 직접 사용하고 또 함께 사회를 살아가는 사람들의 의견입니다. 사회가 어떤 원칙과 기준을 제시하느냐에 따라 기술이 사회와 사람들에게 도움을 줄 수도 있지만 위험을 안길 수도 있기 때문입니다.

이런 어려운 문제 상황 속에서 독일의 자동차 회사에서는 자율 주행차에서 보행자가 아닌 운전자만을 선택해서 비판을 받은 것입니다. 보행자의 안전과 생명을 쉽게 포기했기 때문입니다. 사실 반대 경우도 마찬가지입니다. 보행자를 살리겠다고 해서 운전자의 안전과 생명을 지키지 않는 것도 문제가 있습니다. 인공지능은 사람들의 삶을 편리하게 만들고 도와주는 것이지, 사람들이 인공지능에 정해진 기준에 맞춰 살아야 하는 것이 아닙니다. 결국 인공지능을 잘 이용하기 위해서 어떤 원칙과 기준이 필요한지 사람들이 모여 회의를 해서 정할 필요가 있답니다.

실제로 전 세계적으로 자율 주행차가 지켜야 할 사회적 기준과 가치들이 발표되고 있습니다. 여기에서 주목할 만한 것은 "인간을 성별, 나이, 인종, 장애 등을 이유로 차별하지 않아야 한다."는 원칙입니다. 이 원칙은 너무나 당연한 것 같지만 중요한 내용이에요. 자율 주행차의 인공지능이 어쩔 수 없이 어느 한쪽의 생명만을 구해야 하는 상황에서 그 기준은 성별, 나이, 인종, 장애 등으로 차별해서는 안 되기 때문이에요.

우리나라 국토교통부에서도 우리나라와 해외 사례를 검토하고 전문가, 시민 들의 의견을 모아 자율 주행차 윤리 기준안을 마련했습니다. 자율 주행차는 "재산보다 인간 생명을 최우선하여 보호할 것", "사고 회피가 불가능할 경우 인명 피해를 최소화할 것"과 함께 자율 주행차를 만드는 제조 업체와 이용자 등이 지켜야 할 윤리도 제시했어요. 기준안에서는 피할 수 없는 사고가 발생했을 때 누구를 먼저 구조하고 어떻게 해결해야 하느냐도 중요하지만 진짜 중요한 것은 사고가 발생하지 않도록 사전에 미리 최선을 다해 준비하여 예방할 것을 강조했습니다.

　인공지능이 눈부시게 발전하고 있지만 사람들이 살아가는 사회에서 새롭게 생길 문제들은 인공지능의 기술만으로 해결할 수 없습니다. 인공지능을 사용하는 사람들이 함께 의견을 모아 나가는 과정 속에서 문제를 해결할 실마리를 얻을 수 있습니다. 인공지능은 결국 사람들이 만들고 함께 살아가는 사회 속에서 작동하기 때문입니다.

25. 사람들은 왜 인공지능의 발전을 두려워하나요?

인공지능으로 편리한 생활을 누릴 수 있어 좋아하는 사람도 많지만, 또 인공지능의 발전을 두려워하는 사람도 많습니다. 도대체 왜 그런 것일까요? 인공지능의 발전으로 사람들의 일자리가 줄어들거나 인공지능이 사람들의 결정 과정에 개입하고 심지어 인간의 통제를 벗어나 인류를 위험에 빠뜨릴 수도 있기 때문입니다.

실제로 인공지능 연구의 최고 전문가로 손꼽히는 제프리 힌터 교수는 오랫동안 일했던 세계적 기업을 그만두었습니다. 바로 인공지능의 위험성을 알리기 위해서였어요. 힌터 교수는 인공지능 기술이 핵무기보다 위험할 수 있다면서 평생을 바친 연구가 인류를 위험으로 몰고 가는 것이 아닌가 싶어 후회된다고 했습니다. 핵무기는 몰래 개발해도 국제 사회가 추적해서 사용을 막을 수 있지만 급속한 과학기술의 발전으로 국가나 기업에서 만들고 있는 인공지능은 이를 막아 낼 방도가 없기 때문이에요. 인공지능이 진화되면서 킬러 로봇도 얼마든지 만들 수 있다고 경고했어요.

인공지능이 사람의 지능을 뛰어넘는 순간을 '특이점'이라고 합니다. 얼마 전까지만 해도 유엔미래포럼에서는 2045년이면 인공지능이 인간의 지능을 뛰어넘을 것이라 예측했습니다. 하지만 생성형 인공지능인 챗지피티가 사회 많은 분야에서 널리 사용되면서 특이점이 그보다 빨리 다가올 수 있다는 예상도 많아지고 있답니다. 인공지능 연구가 경쟁적으로 진행되면서 발전 속도가 놀라울 정도로 빠르기 때문입니다.

이에 인공지능의 위험성을 경고하는 목소리가 나오고 있습니다. 지금과 같은 발전 속도면 빌 게이츠는 인공지능이 인류를 위협할 수 있다고 주장했습니다. 세계적인 물리학자 스티븐 호킹도 인공지능이 인류의 멸망을 가져올 수 있다고 경고했습니다. 이에 힌턴 박사를 비롯해서 세계적인 인공지능 연구자, 과학자와 시민 들은 챗지피티 같은 인공지능 개발 연구를 6개월간 일시 중단하고 그동안 인공지능 개발과 사용에 대한 안전 약속을 만들자고 제안했어요. 챗지피티와 같은 인공지능이 지

금과 같은 속도로 발전하면 이를 통제할 방법이 없는 심각한 위기 상황이 발생할 수 있는 만큼 개발을 잠시 멈추고 안전망부터 만들자고 한 것입니다.

하지만 이에 대한 반대의 목소리도 바로 나왔답니다. 인공지능 개발을 중단하기보다는 인공지능의 잠재적 위험에 대한 기술적 안전장치와 사회적 규제가 필요하다는 것입니다. 연구 개발을 멈추는 일은 기술 경쟁 상황에서 이뤄질 수 없는 방법이기에 인공지능의 좋은 역할을 강화하는 연구를 중심으로 개발해야 한다는 주장입니다.

실제로 유럽연합을 비롯해 미국 등 세계 여러 나라에서는 인공지능의 개발과 사용에 대한 대책을 세우고 있지만, 그 내용과 방향은 다릅니다. 유럽에서는 챗지피티 같은 인공지능을 고위험 인공지능으로 정해서 신중하게 개발하고 사용할 수 있게 하려 하고 있습니다. 하지만 미국과 일본에서는 기업의 자율성과 활용에 중심을 둡니다. 이런 상황에서 인공지능 관련 세계적 기업에서는 치열한 개발 경쟁을 하면서 새로운 인공지능 서비스를 만들고 있답니다.

과학기술의 발전으로 인공지능을 통해 새로운 세상이 만들어지고 있습니다. 그런데 이 발전이 오히려 인류의 미래를 편리하게 도와주는 것이 아니라 인류를 인공지능의 노예로 만들 수도 있다는 경고에도 귀 기울 필요가 있답니다. 인공지능 개발 연구를 잠시 멈추자는 의견과 또 이를 반대하는 의견에 대해 여러분은 어떻게 생각하나요?

26. 인공지능에 지배당하지 않으려면 어떻게 해야 하나요?

2050년 우리는 어떤 세상에서 살아갈까요? 발전한 인공지능 덕분에 편리한 생활을 누리는 행복한 세상이 올 수도 있고, 인공지능이 오히려 인류를 지배하는 상황이 될 수도 있습니다. 실제로 공상 과학 영화에서 다루는 미래의 모습은 밝지만은 않습니다. 오히려 사람이 인공지능 로봇에 지배당하는 모습이 나오기도 합니다.

놀랍게도 공상 과학 소설가 아이작 아시모프는 1942년에 미래를 예측하면서 로봇 3원칙을 만들었습니다. 로봇 3원칙은 로봇이 지켜야 할 원칙으로 로봇이 처음에는 인간을 도와주지만 이후 기술 발전으로 인간을 위협하고 심지어 함부로 지배하는 것을 막기 위해 만들어졌어요.

로봇 3원칙

첫째, 로봇은 인간에게 해를 가하는 행동을 해서는 안 된다.

둘째, 인간에게 해를 가하지 않는 선에서 인간의 명령에 복종해야 한다.

셋째, 앞서 두 가지 원칙에 위배되지 않는 선에서 로봇 스스로를 보호해야 한다.

국제적으로 누구나 꼭 지켜야 하는 법은 아니지만 현재까지 이 원칙을 기준으로 인공지능과 로봇을 개발하고 있답니다. 최근 인공지능 분야의 연구자와 과학자 들은 로봇 3원칙을 바탕으로 중요한 약속을 했습니다. 바로 인공지능 기술을 활용해서 사람을 죽이거나 전쟁 무기가 되는 '킬러 로봇' 등을 만들지 않겠다는 약속입니다. 최첨단 기술이 무기로 사용되면 엄청난 위험이 실제로 닥칠 수 있기 때문입니다. 마치 양날의 칼처럼 인공지능은 잘 사용하면 생활을 편리하게 하고 사람들에게 큰 도움을 주지만, 잘못 사용하면 위험하고 돌이킬 수 없는 피해를 줄 수 있습니다. 인공지능이 인류를 위협하는 기술로 자리 잡는 것이 아니라 인류를 더 행복하게 살 수 있는 바탕으로 자리해야겠지요.

인공지능 활용도가 높아지고 사회적 영향력이 커지면서 인공지능의 개발 과정을 공개하고 사용 원칙을 만들어야 한다는 의견이 많아지고 있습니다. 뛰어난 과학기술이 오히려 공상 과학 영화처럼 인류를 파멸로 몰고 갈 수도 있거든요.

전 세계적으로 인공지능을 개발하고 운영하는 원칙을 정하고 있습니다. 인공지능 기술의 개발과 사용이 과학자들의 몫이 아니라 정부와 기업의 사회적 책임 그리고 시민들의 참여 속에서 이뤄져야 인공지능이 사회에 도움이 될 수 있다는 것을 알았기 때문입니다. 이에 유럽연합 집행위원회에서는 2019년에 <신뢰할 수 있는 인공지능을 위한 윤리 가이드라인>을 발표하고, 2021년에는 '인공지능 법안'을 만들었습니다. 이런 안들은 기업과 시민이 인공지능을 활용할 때 무엇이 중요한지 알려 주고 개발자들이 어떻게 하면 사람들에게 도움이 되는 인공지능을 개발할 수 있는지에 대한 지침을 제공해 줍니다.

2022년 유네스코에서는 인공지능에 대한 규범적 효력을 갖는 국제적인 기준을 정립하여 '인공지능 윤리에 대한 권고'를 발표했습니다. 이 같은 노력은 회원국들이 인공지능을 인간을 위해 이롭게 활용할 수 있도록 하고, 세계 민주주의를 발전시키는 역할을 할 것입니다.

우리나라에서도 2020년에 인공지능 윤리 원칙을 마련했답니다. 인공지능 시대에 바람직한 인공지능의 개발과 활용 방향을 제시하기 위한 '인공지능 윤리 기준'입니다. 사람이 중심이 되는 이 기준은 정부·공공 기관, 기업, 이용자 등 모든 사회 구성원이 인공지능의 개발부터 활용까지 전 단계에서 함께 지켜야 할 기준입니다.

이제는 인공지능과 사람이 함께 살아가는 사회가 되었습니다. 기술적인 발전만을 생각할 것이 아니라 인공지능 기술을 어떻게 우리가 살아가는 사회와 세계 속에서 올바르게 이용할지 그 기준을 정해야 합니다. 그렇게 할 때 우리는 인공지능과

더불어 더 나은 미래를 맞이할 수 있다는 것을 잊지 말아야 합
니다.

세계적으로도 인공지능 활용도가
높아지고 사회적 영향력이 커지면서
인공지능의 개발 과정을 공개하고
사용 원칙을 만들어야 한다는 의견이
많아지고 있습니다.

27. 인공지능 시대에 우리는 무엇을 준비해야 할까요?

코로나19라는 팬데믹을 겪으면서 세계적으로 큰 변화가 생겼습니다. 학교에 가지 못하고 외출할 때는 반드시 마스크를 써야 했지요. 힘든 상황이었지만 인류는 대안을 모색하였습니다. 이로 인해 원격 수업이 활발해지고, 인터넷 통신 기술 등이 더욱 빠르게 발전했습니다. 특히, 인공지능 기술이 눈부시게 발전하면서 자율 주행차, 원격 진료, 기자 없이도 인공지능이 기사를 쓰는 언론 등등 다양한 분야에서 이전과는 다른 새로운 변화와 마주하고 있습니다. 바야흐로 지금 우리는 새로운 인공지능 시대를 살아가고 있습니다.

앞으로 인공지능의 발전으로 달라질 세상은 어떤 모습일지 가늠하기 어려울 정도로 시시각각 많은 변화가 있습니다. 챗지피티 같은 생성형 인공지능이 빠른 속도로 확산되고, 그림과 영화까지 제작하는 인공지능이 등장하면서 인공지능 시대에

미래 세대를 위한 인공지능 이야기

대한 기대감과 함께 두려움이 사람들 마음속에 자리 잡고 있습니다. 인공지능으로 편리한 삶을 누릴 수도 있지만 반대로 인공지능으로 인해 인류가 위협을 받을 수도 있다는 걱정이 있기 때문입니다.

사실 인공지능은 완벽하지 않습니다. 인공지능은 오류가 있을 수 있고, 판단에 잘못이 있는 경우도 많습니다. 인공지능을 만드는 과정에서 잘못된 데이터를 넣거나 편견이 있는 정보가 학습될 수도 있기 때문입니다. 그래서 우리는 인공지능이 어떻게 작동하는지, 어떤 원리로 판단하는지를 다양한 각도에서 꼼꼼하게 살펴야 합니다.

인공지능 시대에 중요한 것은 인공지능이 사회적으로 공정하고 윤리적으로 올바른 방식으로 사용될 수 있도록 하는 것입니다. 인공지능이 사람들을 감시하고 통제하는 데 이용되는 것을 막고 더불어 함께 살아가는 세상을 만드는 데 도움이 되어야 하기 때문입니다.

인공지능 시대에 우리는 인간만이 할 수 있는 일에 주목할 필요가 있어요. 바로 다른 사람들과 공감하면서 소통하고 함께 힘을 모아 나가는 일이에요. 인공지능이 아닌 인간만이 가진 특징을 살리는 일이지요. 이 과정에서 감수성과 창의력을 키워 나가면 좋겠어요. 감수성은 우리가 다른 사람과 공감하고 소통하고 협력하는 데 필요한 능력입니다. 창의력은 우리가 새로운 문제를 발견하고 해결하는 데 필요한 능력이에요. 이러한 감수성과 창의력을 키우기 위해서는 다양한 책을 읽고 사람들과 대화하고, 새로운 것에 도전해 봐야 합니다.

그리고 비판적 사고력을 키워야 해요. 인공지능이 발전하면 막상 스스로 생각하는 힘이 떨어질 수 있어요. 무엇이든 척척 답변을 해 주는 생성형 인공지능을 비롯해서 생활 곳곳에서 인공지능을 활용할 때가 많거든요. 이런 환경에 익숙해져 비판적으로 생각하지 않고, 그냥 인공지능이 제시한 답변만을 듣다 보면 어느새 판단력이 떨어지고 스스로 결정하지 못하는 문제가 생길 수 있답니다.

인공지능 역시 완벽하지 않고 오류가 생길 수 있잖아요. 특히 생성형 인공지능을 잘 활용하려면 적절한 질문 능력이 필요합니다. 어떤 질문을 하느냐에 따라 인공지능의 답변과 활용에 큰 차이가 생기거든요.

비판적 사고를 통해 생각하는 힘이 커질수록 인공지능 시대를 더욱 현명하게 살아갈 수 있어요. 이미 현실로 다가온 인공지능 시대에 여러분이 주인공이 되어 새롭게 만들어 나갈 미래를 응원합니다!

인공지능 시대에 중요한 것은
인공지능이 사회적으로 공정하고
윤리적으로 올바른 방식으로
사용될 수 있도록 하는 것입니다.

토론 주제

인공지능이 만들어 가는 미래는 유토피아일까?

인공지능 기술의 눈부신 발전으로 새로운 미래가 펼쳐지고 있습니다. 과거 SF 영화 및 드라마에서 나왔던 자율 주행 자동차가 현실로 다가오고, 인공지능 기술로 만들어진 스스로 생각하고 말할 수 있는 대상이 로봇, 자동차뿐만 아니라 대규모 시스템을 조정하는 중앙 컴퓨터까지 작동하면서 미래

인공지능 발전으로 미래 사회는 지금보다 더 좋아질 것 같아 기대돼. 인공지능 덕분에 인간의 능력과 지식을 확장하고 다양한 사회 문제를 해결할 수 있을 테니까. 인공지능은 교육, 건강, 안전, 문화, 예술 등 우리가 살아가는 모든 분야에서 큰 도움을 주면서 인류의 삶을 풍요롭게 해 줄 것 같아.

사회의 모습은 획기적으로 변할 것입니다. 인공지능의 발전으로 인류의 미래가 지금보다 더 살기 좋은 곳이 될 것이라는 전망과 인공지능이 오히려 인간을 지배하는 무서운 전망이 함께 있습니다. 과연 인공지능으로 발전된 사회에서 인류의 미래는 어떠할까요?

인공지능 발전이 꼭 미래의 행복을 보장하지는 않을 것 같아. 오히려 인공지능이 인간의 개인 정보와 사생활을 침해하고, 사회적 불평등과 차별이 많아지면서 윤리적 문제와 갈등이 커지면 살아가는 것이 오히려 힘들 수 있어. 심지어 인공지능이 인간의 자유와 존엄성을 위협하면서 인간을 지배할지도 몰라.